うまい日本酒はどこにある？

増田晶文
Masuda Masafumi

草思社

うまい日本酒はどこにある？　【目次】

第二章　大メーカーという存在

第三章

酒を商う人たちの視線……121

第四章

うまい酒を呑ませる処……157

第五章

日本酒のゆくえ …… 187

カバー写真＝林　朋彦

序章

日本酒が消える

杜氏《とうじ》、蔵元《くらもと》に続いて私も蔵へ入る。かぐわしい酒の香りが鼻先をくすぐった。

暦の上では春とはいえ、まだまだ寒さが強い。明り取りの窓から午後の光が差し、蔵全体を柔らかく包んでいる。歩きながら蔵元は途中になっていた話を再開した。

「酒のつくりでは、創業者の祖父や、増石に増石を重ね一気に売上げを伸ばした父の時代に絶対負けていません。現実は、しかし、しかし……」

「しかし——？」

私は蔵元の自嘲気味な口調がとても気になった。つい問い返す語気も強くなる。すると好々爺然とした杜氏が、とりなすように言った。

「まあまあ、そういう世知辛い話は酒を唎《き》いた後にしましょうや。今年初めて醸《かも》した、せっかくの純米大吟醸なんですから。酒の神様のご機嫌を損ねてしまいますよ」

圧搾機の前で猪口を渡された。一合分が入る白磁の「唎き猪口」だ。胴には、この蔵が醸す酒の銘柄が入れてある。清潔だが年季の入った器は、酒の名が半分消えかかっていた。底にも同じ藍色で蛇の目模様が描かれている。こちらは、二重に描かれた、くっきりと太い線の青さがまばゆい。蛇の目模様は、酒を注いだときに透明度を確かめる目安となる。

蔵元は杜氏と並んでしゃがむと、槽口《ふなくち》に猪口をあてた。上槽《じょうそう》の最初の部分の「荒走り《あらばし》」がちょろちょろと流れ出た。二人を取り巻く形で、蔵人たちが息を凝らしている。

まず杜氏が、次いで蔵元もゆっくりと新酒の色合いを眺め、上立香《うわだちか》を喇く。私も猪口の縁に鼻を寄せた。若々しい吟香《ぎんか》が立ち昇る。最後は酒を含み、舌の上で転がして甘みと辛さはもちろん、うま味、含み香《ふくか》、返り香《かえか》、舌の上に残る味わい……と酒の風味を徹底的に吟味していく。杜氏の表情は厳しいというより鬼面に近い。蔵の中に、静かだが張りつめた時間が流れる。

やっと杜氏が口を開いた。

「今年も、いい酒ができました」

彼は同時に相好を崩した。蔵元も頬を緩める。「ありがとうございます」と言いながら、蔵元は杜氏や蔵人に深々と頭を下げた。蔵の空気が一変して和やかになった。

「三倍増醸酒」の害悪

蔵人たちが酒を喇きながら意見を交換しているのを横目で見ながら、蔵元は残った酒を慈しむように何度も猪口に鼻を寄せる。

「おかげさまで、この一年もいい酒を皆さんにお届けできそうです」

こう独り言ちた後、彼は私を見た。

「さっきのことですが……僕の代になって、もう十年近くになるというのに、なかなかマイナスの遺産を解消できそうにありません。家業を継ぐまで、酒づくりの苦労というのは品質面のことに尽きると思っていました。これは半分は当たっていましたが、もう半分は勘違いでしたね」

彼は今も、先代の経営者だった父親から経理の帳簿を見せてもらったときのことを鮮明に覚えている。

「決してオーバーじゃなく、目の前が真っ暗になりましたよ」

彼は一九九四年に、三十四歳で経営をバトンタッチされた。それまでは東京で食料品メーカーに勤めるサラリーマンだった。

「僕だけでなく、平成になってから家業を継いだ地酒の蔵元たちは、例外なく同じ体験をしているはずです。そりゃ、うちの蔵は決して羽振りがいいわけじゃなかったし、世間全般もバブルが完全に崩壊して不況に突入していました。だけど、これほどまで経営状態が悪いとは思ってもいませんでした」

銀行からの毎年の莫大な借入金は、給与に賞与、原料米購入費、購入した機械や増床した蔵の返済金などで消えていた。他にも、問屋やブローカーの言いなりになって採算を度外視して売った結果の負債、酒屋だけでなく直取引の飲食店の売り掛け未収金、機械のメンテナンス費……帳簿はどこも赤字だらけだ。それればかりか、倉庫には売れ残った膨大な量の酒が眠っていた。

「ここ数年は金融機関の担当者が、地酒メーカーのことを〝地方文化〟で〝日本の伝統的食文化〟だと理解してくれるのがせめてもの救いです。貸借対照表だけで判断したら、うちのような五百石規模の小さな蔵なんて、明日にでも潰れておかしくないんです」

かつて彼の父が社長だった頃、日本酒はつくればつくるだけ飛ぶように売れていた。現在七十三歳だという先代がきまり悪そうに語ってくれた。

「一九六〇年代の半ばから七〇年代にかけては、確かに行け行けドンドンって時代だったからねえ。うちの銘柄だけでなく、大手の蔵へ酒を売る桶売りも引き受けました。そのときは品質なんて、あまり気にしませんでした。質より量が大事だった。どの蔵も、いずれは灘や伏見の大メーカーみたいになることを夢見ていました。なんせ、うちだってあの頃は二千石を軽く超えていましたから。一台一〇〇〇万円を超える機械を何台も買ったし、蔵だって土地を広げた。従業員も積極的に雇いましたよ」

この蔵の現在の年間醸造量五百石は九万リットルに相当する。一升瓶に換算して五万本だ。製造量だけで、地方の酒蔵が健闘しているかどうかを判断するなら、やはり二千から三千石は必要になるだろう。私たちが普通に目にする地酒の有名銘柄を醸す蔵は、たいてい五千石以上あると考えていい。それぐらいの量を醸さないと、全国の主だった酒屋や飲料店に行きわたらないからだ。『久保田《くぼた》』の朝日山酒造や『高清水《たかしみず》』の秋田酒類製造などに至っては、地酒というカテゴリーをこえ、全国の清酒メーカーのベスト二〇に食い込んでいる。他にも『土佐鶴《とさつる》』『立山《たてやま》』『吉乃川《よしのがわ》』『一ノ蔵《いちのくら》』など一万石を超える大規模な〝地酒〟の蔵がある。

先代の懺悔はまだ終わらない。

「ところが、量をつくって売りさばくには地元だけでは絶対に間に合わないんです。どうしても東京や大阪といった大都市で消費してもらわないと。でも私らはそんなルートなんて持ってませんからね」

そこを見透かして、当時は酒のブローカーが暗躍した。問屋と共謀していたブローカーも少なくない。

「彼らは、一升瓶十本につき三本をおまけしてくれたら、大都市の酒屋に置いてくれるというんですよ。こっちは増産体制に入っているし、そういう条件を充分に突き詰めもしないで口車に乗っていったんです」

十本につき三本のサービスというのは、実質的に二割三分も値引きしているわけだ。しかし一般的に蔵元では、粗利益率を四割程度に設定している場合が多い。二割三分も値引きしてしまうと、ファストフードのハンバーガーの値下げ合戦が、いずこの会社の首も絞めたのと同じで、どの蔵も生産量だけ伸びて利益は激減してしまう。先代は忸怩《じくじ》たる口調になった。

「こんな単純な計算ができないほど、私らの時代の蔵元は熱病に罹っておったんです。増石増産という熱病に」

やがて日本酒は長期低迷の時期を迎え、いくら安売りをしても売れなくなっていく。途中に『越乃《こしの》寒梅《かんばい》』や『八海山《はっかいざん》』、さらには『久保田』『浦霞《うらがすみ》』といった特定の銘柄だけの〝地酒ブーム〟が何度か起こったものの、大多数の地方蔵は浮上できずに終わっている。

現在の蔵元はこれらの「マイナスの遺産」を引き継ぎ、今もなお悪戦苦闘を強いられているわけだ。しかも――蔵元は父親を気遣いながら語った。

「親父の頃の酒は本当にまずかった。今だから話しますけど、自分の家の酒を飲んで一度もうまいと思ったことがありませんでした。だから長い間、僕は日本酒が大嫌いだったし、酒蔵を継ぐ気もまったくありませんでした」

先代の時代につくっていたのは、純米酒や吟醸酒のような酒ではなく、ほとんどが三倍増醸酒(三増酒)だった。醸造用アルコールや糖類、酸味料、調味料などを添加した酒だ。米と水から酒をつくる場合に比べて三倍にも増量してある。三倍増醸酒は第二次大戦中の米不足と、何としても税収を確保したい政府の思惑、それに「日本酒ならなんでもいい」という呑んべえたちの悲しくて切実な欲求によって瞬く間に広まった。しかし六割以上が混ぜ物の酒がうまいわけがない。戦後は悪酒の代名詞ともなった。私は一九六〇年生まれだが、同年輩の諸氏なら、かつて例外なく「日本酒はまずい」「悪酔いする」という印象を抱いたはずだ。その元凶が三増酒だったのは間違いない。大メーカーだけでなく地酒メーカーもこぞってこんな悪酒をつくり、市場を跋扈《ばっこ》していた。それどころか、現在でも普通酒には三増酒や三増酒をブレンドしたものがかなり多い。

「でも、こんな酒だって八〇年代に入ってもたくさん売れたんだから仕方ないよね」

こんな父の弁明に息子は激しく反応した。

「親父、もうそんな話は止めてくれ。おかげで僕らが、えらい迷惑を蒙ってるんだよ。あんな、ろくでもない酒をつくり続けていたから、日本酒がダメになってしまったんじゃないか。業界全体が落ち込んでいるのは自業自得なんだ」

今度は先代がやり返す。

「だけどな、こうして銀行から金を借りられるのは、あのときの実績があったおかげなんだぞ。お前も知ってるだろうが、たくさんの蔵は自前で金が借りられなくて、日本酒造組合中央会に保証してもらっている。それさえ、おぼつかない蔵が全体の半分近くもあるっていうじゃないか。金がなきゃ仕込みの米も買えんし、給料も出せない。そういう蔵は潰れるしかないさ。現にうちの県の酒造組合の寄り合いだって、毎年のように顔ぶれがどんどん減ってるだろうが」

しかし息子は吐き捨てるように言った。

「その代わり、しっかり蔵が担保になってしまっているじゃないか。あの銀行だって、前の支店長のときはひどかった。うまいかもしれないけど、手間がかかって高くつく酒なんかつくらずに、もっと安い酒をどんどん売って儲けろって、バカのひとつ覚えみたいなことしか言わなかったんだぜ。親父、言っとくけどもうそんな時代は終わったんだ」

険悪なムードの父子の間に立って、私は困惑するばかりだった。しかし二人のやりとりの中から、日本酒を取り巻く厳しい状態が垣間見えたのも事実だ。ほとぼりが冷めたのを見計らって、私は彼に、どうして蔵を継承する気になったのかと尋ねてみた。

「やっぱり……親父も年老いていくし、僕自身も、どっかで日本酒に対する愛着が捨てきれなかったんでしょうね」

照れたように笑う彼だが、続けて話した言葉には気迫がこもっていた。

「ただ、僕がやる以上はうまい酒、まともな酒をつくりたいと決心しました。幸い、杜氏も僕の決意を理解してくださった。もうこれからは石数で勝負しないし、できるわけがありません。ものづくりの本質、酒の本質を追究するしかないんです。いい酒をつくって、日本酒を知らない人、誤解している人に飲んでいただきたい。日本酒から離れていった方々を呼び戻したい。それしか僕の蔵、いや日本酒が生き延びる方法はないんです」

私は彼の強い意志に共感を覚えた。それとともに、日本酒の置かれている実態を知り、その悲惨な現実に驚いたのだった。

追い詰められる日本酒

近い将来に日本から酒蔵が消え、日本酒が飲めなくなってしまう――これは決して荒唐無稽な話ではない。

酒蔵の経営を圧迫している一番の要因は、何といっても日本酒の消費が長期にわたって低迷し続けていることだ。国税庁の資料によると、清酒の消費量は一九七三年をピークにずっと減少を続けており、二〇〇二年にはとうとう九〇万キロリットルの大台を割り、全盛期の半分近くにまで落ち込んでしまった。この長期凋落傾向はまったく回復のメドが立っておらず、〇三年度からは消費量で焼酎に抜かれるありさまだ。おかげで酒類全般における日本酒のシェアは、とうとう一〇パーセントを切ってしまい、「日本酒＝売れない酒」に堕してしまっている。九一年にはまだシェア一四・五パーセントを維持していたというのに。いやもっと言えば、現在は最盛期の半分しか消費されていないのだ。

〇三年度の消費順位でいえばビール、発泡酒、焼酎、日本酒、ワイン、洋酒ということになる。中でも焼酎の伸びは急激で、反対に日本酒、ビール、洋酒は売れ行きが下がる一方だ。

日本酒造組合中央会の調べでは、酒造免許を交付されているメーカーが〇二年三月の時点では二千三百六十軒あった。『日本酒　酒蔵電話帳２００３年版』（株式会社フルネット）によると、九四年に二千三百五十二蔵が掲載されていたが、〇三年には二千二十三蔵しかない。同書の巻末には、「廃業・廃止蔵率が西高東低の傾向」にあり、「西日本地区の地盤沈下は、予想以上に深刻で、「まだまだ、普通酒に依存する蔵が多いことが要因の一つと考えられます」と書かれている。『万両』『寿海』など最近六年で消えていった銘柄が、二百十一蔵分記してあるのだが、ページをめくるだけで哀しい。もっとも業界内では、「実際に酒を醸しているのは二千蔵以下、おそらく千五百から千七百蔵ほどしかないのではないか」という話が一般的だということも付け加えておこう。先の蔵元も言っていた。

「免許は交付してもらってても、実際に酒をつくってない蔵がいくつもあるんです。酒をつくっていても、不動産収入や酒以外の商品で食っている蔵は少なくありません。ここ数年はバタバタという感じで蔵が潰れていています。特に最近の不景気は深刻で、酒づくりを断念する蔵が急増しています」

もともと地酒メーカーというのは、その地方に根付き、地元の消費を軸にして経営を成り立たせていた。急激な右上がりはないけれど、反対に左下がりの落ち込みもない安定企業だったのだ。私が大学生だった八〇年代初頭に地方の駅で降りると、必ず二本の煙突を見つけることができた。一本は造り酒屋、もう一本が銭湯だった。蔵や銭湯が複数あるところも珍しくなかった。ところが、今となっては両方とも見つけるのが難しくなっている。

〇二年末には準大手の多聞酒造が民事再生法を申請した。灘や伏見の大メーカーも規模縮小やリストラに懸命だ。工場閉鎖や製造拠点の一本化、社員の希望退職者を募るメーカーは多い。「このままだと二〇一〇年には五百蔵くらいになってしまうかもしれない」と指摘する関係者もいる悲観的な状態だ。

日本酒の値段は高すぎる

大阪の私の実家も水商売をしていた時期があった。私が小学二年から高校二年くらいまでの間だから主に一九七〇年代のことだ。今ならレストランなのだろうが、当時は日本に本格的なモータリゼーションの波が押し寄せており、その余波ともいうべき流行に乗って〝ドライブイン〟と自称していた。オーナーは遊び人のうえ食道楽だった祖父で、趣味が昂じての水商売ということになる。

店にはバーコーナーがあって、さまざまな酒を供していた。毒々しい原色のうえ奇妙なボトルデザインのリキュールの瓶が、何本も棚に飾ってあったのを鮮明に覚えている。日本酒は灘の『大関《おおぜき》』のみで、ビールが「サッポロ」、ウイスキーのメインをサントリーの「ローヤル」が張っていた。これは、そのまま祖父の好みだった。

はっきり記憶に残っているのは、あの頃「酒」というと、それは間違いなく「日本酒」を指していたことだ。客が「酒」と注文すれば黙って大関を出す。一級酒は置かず特級だけだった。特別な注文がない限りは、燗をつけて供していたと思う。他の酒はビール、ウイスキー、ワイン……というように酒類の固有名詞を出さなければいけなかった。こういう文化は私が大学生だった八〇年代初頭まで確実に続いていた。現在では、「酒」といえばアルコール飲料全般を意味することになる。日本酒を呑みたいなら、はっきりとその旨を伝えなければいけない。ここにも、露骨な日本酒の衰退が見てとれる。

ロシアはウオッカ、ドイツがビール、中国には老酒、フランスのワイン……というように国酒《こくしゅ》という概念がある。各国の風土と文化に根ざし、長い歴史をかけて醸成させた酒だ。日本は、当然のことながら日本酒が国酒の地位にある。

先日、新聞でこんな記事を見つけた――「日本酒を愛する女性議員の会」というのがあって、国賓の歓迎会において、国酒たる日本酒を杯に満たして乾杯を唱和するように働きかけていくのだという。言わずもがなのことながら、迎賓の宴ではワインやシャンパンを使っているのだ。情けない限りのエピソードだが、これもまた、日本という国の現実というべきだろう。

だが日本酒の不幸は、不振をかこっている事実が、なかなか理解されない点にもある。実は私も最近まで日本酒は大いに愛飲されていると勘違いしていた。それというのも、雑誌には日本酒やこの酒を呑ませる店の特集がちょくちょく出るし、酒屋では一升瓶という大きな図体のせいか、たとえ片隅に置いてあっても目に入ってくる。かつての地酒ブームやつい最近の吟醸酒ブーム、幻の地方蔵に銘酒といったトピックスが、必要以上にクローズアップされて、私たちの脳裏に焼き付いているという側面も見逃せない。また、日本酒業界だけが不振というわけではなく、諸産業のどこもかしこも不況の波をかぶっているという事情がある。しかし廃業や休業を余儀なくされている酒蔵は中小規模どころか零細企業が圧倒的だ。これが『月桂冠《げっけいかん》』や『白鶴《はくつる》』クラスの大メーカーなら話題になるはずだが、町の造り酒屋が消えたくらいでは全国ニュースに乗るわけがない。

世の中の嗜好が日本的なテイストに傾きつつあることも、何となくそこに日本酒が含まれているような錯覚を持ってしまう要因といえそうだ。特に飲食業界では和風が大きなキーワードだが、案に相違してそれが日本酒には追い風とはならず、逆に仲間外れの憂き目にあっている。

都会では、一時のイタリア風あるいは欧風料理などに代わって〝新和風料理〟が大人気だ。それを売り物にする店はたいてい個室を設《しつら》え、照明も意味深長に落としてある。

青山のあるビルの地下の料理屋では店内に川が流れていたし、新築なのにわざわざ古い民家のように仕立てた店もあった。蛍を放つ計画を得々と語ったオーナーもいた。こんな演出に群がってしまう現代日本人の感性を、私は自省を込めていかがなものかと思うが、どこも料理の味はともかく、お洒落なムードで満たされてはいる。かような傾向は全国各地大同小異だろう。

そういう店で飲み物のメニューを開くと、まず目につくのが本格焼酎だ。芋を中心とした、昨今の焼酎ブームは凄まじいのひと言に尽きる。アルコール類全体の消費量はここ数年、それほど変化していないだけに、焼酎の大躍進は日本酒を危地へと追いやる結果となった。

気を取り直してメニューをめくっていくと、やっと日本酒の欄にたどり着く。そこには『越乃寒梅』『八海山』といった八〇年代半ばに起こった第一次地酒ブームの立役者や、それに続いた『久保田』の「萬寿《まんじゅ》」に「碧寿《へきじゅ》」といったハイグレード品、さらには『十四代《じゅうよんだい》』『飛露喜《ひろき》』など最近の〝幻の酒〟が並んでいる。あとは『浦霞』『上善水如《じょうぜんみずのごとし》』『田酒《でんしゅ》』といったところか。いずれも〝地酒のナショナルブランド〟だ。

しかし日本酒のリストが充実しているかのように錯覚してはいけない。どの店もラインナップは似たようなものだ。体裁だけの料理屋は店主や料理人の舌で酒を選ぶのではなく、世評に高い酒を並べていることで得心してしまっているか、出入りの酒販店の言いなりになっていることが多い。まずは出す料理に鑑み、次いで地道に蔵元を回り、酒販店と丁々発止のやり取りをして酒を吟味する良心的な店はごく少数だ。

注文すると、美しいグラスで恭しく酒が供される。西麻布の某店ではバカラのグラスが出てきた。なみなみと注がれた酒は表面張力の限界を超して下の受け皿にこぼれ落ちる。卑しい酒呑みの私は、受け皿に湛えられた余剰分を店側の好意だと喜んでいた。ところが昨今はこれがすっかり形だけのものと成り果ててしまい、サービスどころか皿の分も料金のうちという印象が強い。いきおい感謝の念は薄まるばかりで、それなら最初から大きな酒器に注げといいたい。何より、店内を観察してみると、多くの客が滴り落ちた酒の処遇に苦慮しているではないか。

女性は例外なくグラスの底をハンカチで拭く。だが底の酒を拭っても皿は満杯なのでグラスを戻す場所がない。男性客もせっかくカッコをつけてデートしているというのに、唇を尖らせ、ひょっとこのような面相で受け皿に口を寄せている。まことにみみっちくて、情けないシーンだ。

徳利や片口にも素敵なデザインのものがある。なぜそれらを使わないのか不思議でならない。

おまけにこういう店での日本酒は高い。不当に高い。勘定書きを見るとため息が出る。一升瓶で三〇〇〇円ほどの酒が、受け皿にこぼれた分を合わせても八勺に満たないだろうに一〇〇〇円近くする。冷蔵庫に入れておくくらいしか経費がかかってないくせに、坊主丸儲けだ。

あるマーケティング会社のスタッフに聞いた興味深い話がある。首都圏の居酒屋での調査によると、適正価格であれば日本酒を飲みたい人は多いそうだ。日本には「とりあえずビール」という抜き差しならない伝統があるから、一杯目はビールを注文されても仕方がない。だが二杯目の選択は嗜好と価格が大きなファクターになる、と彼は指摘している。

「試しに純米酒一合と生ビールを同じ五〇〇円という値段に設定して販売したところ、二杯目に日本酒を注文した方がビールや焼酎より断然多かったんです」

腹立ちついでに書き散らすが、先日大阪の酒屋で『呉春《ごしゅん》』がプレミア価格販売されているのを見た。バブル期の『越乃寒梅』や『八海山』と同じ現象だ。プレミアがつくのは、まずは需要と供給のアンバランスが要因だろう。ただ酒蔵を出るときの値段は平素と変わらないという。そうなると、中間で価格を操作してほくそ笑む者がいることになる。本来なら二〇〇〇円ほどの酒に六〇〇〇円も出すなんてアホらしい。酒が適正価格で手に入らないというのは異常事態だ。なのに……こういう行為が日本酒の首を絞めていることに気がつかないのか。

さらに脱線するが、私はたいてい最初から日本酒を頼む。この取材を始めてから、私は汎日本酒主義を奉ずるようになった。理由は単純で、あくなき日本酒への偏愛と広報の必要性を痛感し、同時に日本酒以外の酒をあまりうまいと感じなくなったからだ。おかげで同行者との酔いのペースが異なり閉口する。

ビールのアルコール度数が四度から五度、ワインならドイツの白の八度前後からフランスやイタリアの赤でも十二、三度、焼酎も水で割れば赤ワインと同じくらいと考えれば、日本酒の十五度から十八度というのはかなり強い。ここにも日本酒が敬遠される一因が隠されているような気がする。

強すぎる吟醸香に辟易する

日本酒をつくる側でも誤解や独りよがりが横行している。

先般、私は都内のホテルで催された〝花酵母〟の清酒と焼酎の試飲会に行ってきた。花酵母とは、東京農大短大部醸造学科の酒類研究室が、世界に先駆け花から分離した酵母だ。なでしこ、にちにち草、ベゴニア、アベリア、つるばらなどの種類があって、それぞれ従来の酵母以上の独特の芳香を醸しだす。

日本酒を注いでもらい軽く揺らす。鼻に近づけた途端、強い上立香が衝いてきた。一瞬、口に含むのをやめようかと思ったが、考え直して啜った。舌先で転がしても、含み香のきついにおいが充満するだけだ。おかげで味の奥深さや雑味の有無なんかわかったものではない。目を上げると「純米大吟醸」の一升瓶を持った男が、いかにも自信満々というようにこちらを見つめている。法被に染め抜かれた屋号は、地酒メーカーとしてそこそこ有名だ。彼は満面に笑みを浮かべた。

「どうですか、この香り。華やかで力強いでしょ。会心の作なんです」

鼻につくにおいに辟易すると同時に、蔵元の人間の得意そうな表情がケタクソ悪くもあり、私はホーロー容器へ勢いよく酒を吐き出した。

「申し訳ないけど、香りがきつすぎます。少なくとも僕の好みにはあわない」

彼は心外そうに私を見ていたが、すぐ次の来訪者に酒を勧め始めた。

出展している三十二の蔵のうち、半分も唎き酒をしないうちにウンザリしてしまった。それどころか、正直に告白すると、胸がむかむかして仕方がなかった。原因は間違いなく「華やかで力強い」香りだ。

誤解しないでいただきたいが、私はここで花酵母をとっちめようというわけではないし、まして吟醸香を否定しようというわけでもない。香りは日本酒の大きな魅力のひとつでもある。花酵母も使い方によってはおもしろいだろう。ただフレグランスと同じで、やたらにふりかけられたら、周囲の者こそ迷惑だと言いたいだけだ。

現に出品していた別の蔵元は、「吟醸香が簡単に出せる花酵母が注目されるようになったのはここ四、五年のことです。ところが花酵母というのは暴れ馬でしてね。これを乗りこなせる蔵は少ないんです。私たちもまだ試行錯誤という段階です」と話している。

また他のメーカーの担当者も、「一〇〇パーセント花酵母でつくると香りがきつすぎるので、他の酵母と混ぜています。そうしてつくった酒も試作品で販売する気はありません。やっぱりこの高い香りは諸刃の剣です。市販したら古くからの大事なお客様を失ってしまうかもしれません」と言っていた。それなら、なぜ出展したのか。

「まあ業界での付き合いもいろいろありましてね。私たちも大変なんですよ」

彼は苦笑するのだった。

不満げな顔で私はあてもなく場内をうろつく。会は盛況で、どのブースも人だかりができている。有名銘柄ともなれば尚更のことだ。あっちこっちで聞き耳を立てていると、先ほどのメーカー関係者とは反対の、こんな話が入ってきた。

「市場では吟醸香の高いものが望まれています。消費者の好みがそうである以上、私たちは嗜好に合った酒をつくる必要があります。つまり花酵母のように香りの高い酒を出さないとダメなんです」

決して少なくない数の蔵が市場の嗜好についてこう語った。日本酒メーカーのいくつかは「吟醸香の高い酒でないと売れない」と認識していることになる。

しかし私には、彼らの言葉が日本酒のおかれている現状を無視した意見に思えて仕方ない。吟醸香の高い酒は最初の一杯こそおいしくいただけるが、そうそう続けて飲めるものではない。おまけに日本酒の最大の美点というべき、料理との相性が極端に悪くなる。酒が料理の素材や味付けを殺してしまう。そんな酒を本当に「市場は望んでいる」のだろうか？　大多数の消費者は、酒が主役を張るのではなく、脇役として料理を引き立てることを欲しているのではないだろうか。

一事が万事――私に言わせれば、現在の日本酒は、やることなすことすべてがうまくいかず裏目に出てしまっている。これは飲み手にとってばかりかつくり手にとっても、どうしようもなく不幸な状況だ。

もちろん、これまで述べてきたこと以外にも、日本酒衰退の原因はいろいろと取り沙汰されている。嗜好の多様化、慶弔の酒としての需要低下、酔うための酒が敬遠され、楽しむための酒がメインとなった……などなど、簡単に十指を超えてしまうほどだ。中には「諸悪の根源は大メーカー」と決め込む者もいるが、地酒であっても取り返しのつかない誤謬を犯している蔵は少なくない。

純米酒でなければ日本酒とはいえないという、いささか教条的な声もよく耳にする。冷酒や生酒のブームの後には、乳酸を添加しないで自然の中の乳酸菌を取り込む酒母《しゅぼ》（酛《もと》）を用いた「生酛」や、同様の造りだがタンクに仕込む前の山卸《やまおろ》しという工程を省略した「山廃」を謳った酒が続々と出てきている。他にも槽口からほとばしった酒を詰めた「荒走り」、荒走りの後から出てくる部分で最もうまいとされる「中取り（中垂れ、中汲み）」、活性炭素で濾過せずに詰めた「無濾過」や「無調整」という表示も目立つ。大吟醸や吟醸、純米吟醸といったグレード面だけでなく、製成方法でもインフレ現象が起こっている。しかし、これでは逆に消費者が混乱するだけのような気がしてならない。

日本酒はどこへ行ってしまうのか。本当の意味で復活できるのか——酒蔵の蔵元やそこで酒を醸す杜氏はもちろん、酒販店から飲食店、さらにコンサルタントや研究機関など日本酒にかかわる現場や関係者を訪ねて、愛すべき酒の行く末を見極めていきたい。

しがないもの書きでしかない私だが、この素晴らしい酒のためになら、進んで一石を投じる覚悟でいる。

第一章

地酒を醸す現場に行く

広島県竹原市、藤井酒造

年を経た木板に墨書された『龍勢《りゅうせい》』と『寶壽一《ほうじゅ》』の文字がいかめしい。杉玉を見上げながら玄関に入ると、藤井善文《よしふみ》が出迎えてくれた。

彼は広島県竹原市にある藤井酒造の副社長だ。一九八八年から父に代わって酒蔵の経営を切り盛りしている。藤井は五代目で、蔵は一八六三（文久三）年の創業というから、新撰組が結成されたときから酒をつくっているわけだ。

竹原は人口三万二〇〇〇人、広島空港からだとクルマで二〇分くらい、瀬戸内海を挟んで三〇キロほど向こうが四国という小さな町だ。町並みの一部が整備、保存され江戸時代の情緒を残している。平安時代には下賀茂神社の荘園だったそうで、「安芸の小京都」がキャッチフレーズだ。そんなことより、私が驚いたのは、竹原に酒蔵が藤井のところも含めて三つもあることだった。そのうちのひとつは、ウイスキーのニッカを創業した竹鶴政孝の実家の竹鶴酒造だ。藤井が説明してくれた。

「かつて竹原は製塩で赤穂に次ぐ規模を誇っていたそうです。浜旦那と呼ばれる製塩業者たちが、冬場の産業として酒づくりに乗り出したようで、最盛期には二十四軒の酒蔵があったんですよ」

竹原の酒蔵が消えていった経緯は、ある意味で日本酒衰亡の歴史の生き証人ともいえる。

「竹原の蔵は、灘や伏見の大手メーカーの要望に応じて、いわゆる〝桶売り〟をやっていたところが多かったんです。ところが酒の需要が落ち込むにつれ、大手の桶買いが激減していきました。同じ頃にはいくつかの蔵で水が涸れ始め、また後継者もいないということで、多くの蔵が倒産する前に廃業してしまったんです」

桶売りが広まったのは、戦後になって日本酒の需要が急激に伸びたことを背景としている。だが長い間、原料米は各蔵への割り当て制だったし酒の製造量も規制されていた。酒は売れるのに、規定された量以上はつくれない――機を見るに敏な大メーカーは、自社で醸した分に加えて、地方蔵の酒をタンクごと買い上げて販売することにした。自醸した酒に混ぜて売るメーカーもあったし、そのまま自社の瓶に詰めて売った場合もあった。これを桶買い、酒を売った側を桶売りという。酒は瓶詰めして蔵を出た時点で商品とみなされ課税されるから、それ以前の段階で取引した場合、酒を醸した蔵には税金はかからない。だから未納税取引ともいわれる。

桶買いや桶売りは長らく日本酒増産の大きな柱となっていた。この行為は「灘の生一本」や「伏見の酒」という産地呼称からいえば、明らかな虚偽になる。最近の消費者心理とは相容れるものではない。だが六〇年代の酒づくりの現場、特に地方蔵にとっては技術向上の大きな契機となったことも事実だ。

当時、地酒をつくる蔵の大半は、技術力や設備投資の面で大手メーカーと大きな格差があった。

未納税取引はOEMだから、大手は酒づくりの水準を自分たちのレベルにまで引き上げる必要があった。大手の徹底した指導と管理により、酒づくりの腕を上げた地方蔵は多い。それに、これは重要なことだが、かつて灘や伏見の蔵は技術面だけでなく酒づくりのパイオニア、業界のリーダーとしても地方蔵から絶大な尊敬を集めていた。皆、灘や伏見のような酒をつくりたいと思っていたのだ。

それが今では……日本酒業界ほど大メーカーのステイタスが低い世界は珍しい。電気、IT、自動車など、たいていの業界では大メーカーが中小や新興メーカーの目標であり、ひとつの基準になっている。ところが地酒メーカーが大メーカーを絶賛することなど、皆無に等しい。こぞって「あんな酒はつくりたくない」と言う。そのくせ経営規模だけは、大メーカーにあやかりたいという蔵が少なくないから始末が悪い。

もっとも大メーカーもいかがなものか。他の業界では大メーカーが率先して業界全体の舵取りをする、あるいはその姿勢を明確化してみせる。ところが灘や伏見の大メーカーは、イニシアティブを取って日本酒の危地に臨もうという侠気に著しく欠けている。中、小メーカーに敬意を抱いてもらおうにも、このていたらくでは仕方がない。かような実態にも日本酒の陥っている無間地獄の一端が覗く。

藤井は未納税取引の話になった途端に表情を曇らせた。

「うちの蔵も親父の代には未納税をずいぶんやっていました。それで飛躍的に石高が増えていきました。僕も経営者の端くれですから、蔵が潤うことや蔵が生き延びる方便は認めなければいけません。しかしせっかくいい酒をつくっても、しょせんは他人様の酒になってしまうわけですからね。大メーカーは、その年に醸した程度のよい酒から優先的に買っていくんです。志のあるつくり手としては、これほど情けないし、つらいことはないですよ」

なるほど、私にもその気持ちは分かる。精魂込めて醸した酒を他のメーカーの酒に混ぜられる、あるいはまったく別のブランド名で売られるなど屈辱でしかあるまい。もっとも、プロである以上はどんな条件であっても最高のものをつくるべきだという意見もあろう。藤井に対する私の共感は、自我という妄念や、要らぬ自尊心が共通しているだけのことやもしれぬ。

だが藤井はきっぱりと言い切った。

「強がりだ、ロマンチストだと言われても自分の蔵の酒で勝負したい。そうしないと、酒づくりを一生の仕事に選んだ意味がないと思うんです」

蔵の存亡を賭けて

藤井は一九五四年に生まれた。三人兄弟の長男で、やがて弟たちの存在が藤井の目指す酒づくりに大きな意味を持つようになる。

藤井はパイロットになりたかったそうだが、「航空大学校は落ちてしまい、東京農業大学に受かりました。東農大の教授には、親父が国税庁の醸造研究所に勤務していた頃の所長だった鈴木明治先生がいらっしゃって、そのご縁もあり入学したんです」

とはいえ藤井には、いつかは家業を継がなければいけないという使命感があった。彼が高校を出て上京したとき、蔵は五千石を超す規模だった。現在なら地方蔵で五千石といえばなかなか大したものだが、当時は同じスケールの蔵が全国のあちこちにあったという。

大学で醸造学を修めた彼は迷わず酒の世界に飛び込む。だが任されたのは東京地区の営業だ。小売店の名簿を手に、片っ端からセールスをかけていった。

「父の時代には、一回の東京出張で貨物列車数台分の契約がまとまったそうです。しかし、もうそんな時代は終わっていました。千石あった首都圏への出荷量が瞬く間に十分の一程度にまで落ちていったんです」

藤井が大学を出たのは七八年だ。記録を遡れば、日本酒の消費量のピークはすでに終わりを告げ、徐々に下り坂に向かっていっている。同じ頃、藤井酒造では先々代、つまり藤井の祖父が身《み》罷《まか》っただけでなく、杜氏までもが死去してしまった。

「蔵の存亡がかかっていましたから、皆必死でした。親父は新しい杜氏を探し、何とか竹原で本丸を守ってくれました。僕は、とにかく一本でも多く注文を取ってくるのに必死でした。一年で七百軒以上の酒屋さんを回ったものです」

だが酒を売りながら、藤井の胸にはある想いが芽生えるようになった。それは日に日に強く、大きくなっていく。

「当時の藤井酒造の酒は三倍増醸酒が九五パーセントを占めていたんです。自分で飲んでも、うまいと思えない酒を売らなければいけないジレンマは相当のものでした。家への愛着だけで仕事をしていたようなものです。売上げをもとの千石に戻すのに丸々七年かかりました」

父親も、ときおり「代を譲りたい」と口にするようになった。折から第二次地酒ブームが起こり『浦霞』『司牡丹《つかさぼたん》』『立山』といった酒が注目を集め始めていく。うちも何とか地酒メーカーとして名乗りを上げたい。そのためには――。

営業だけでなく経営も任された藤井だが、八八年の時点で石高が三千石にまで減っていた。そればかりか、厳しい経営状態に言葉を失う。本書のプロローグで紹介した蔵のように、増石増産時代の夢の跡には、死屍が累々と折り重なっていたのだった。取引先の銀行の支店長は、過去二十年の帳簿を見てみろと言った。

「六〇年代の終わり頃から、酒はどんどん売れているのに、その何倍も赤字になっているんです。代は継ぎましたが、正直いって三年持つか、というくらいの状態でした」

前述の蔵の話をすると、藤井は感慨深げに頷いた。

「いずこも事情は同じなんですねえ。どの蔵も、売れればいいという時代に手を伸ばせるだけ手を伸ばしたようで、その負債に今となって手を焼いています。しかも、日本酒は売れない酒になってしまったし……うちもよく持ちこたえてきたと思います」

それでも家業を背負って立つ気になったのは、どういう心境からなのか。

「カッコいいことを言っても仕方がないんですが……やっぱりうまい酒をつくりたいという一念だけですねえ。うまい酒をつくって、それを全国の方々に呑んでいただきたい。それと、弟たちが一緒になって戦ってくれたことが大きい。やつらには本当に感謝しています」

藤井の弟たちとは雅夫《まさお》と達夫《たつお》のことだ。彼らは双子で善文と九つ歳が離れている。二人とも兄と同じ東農大の醸造科を卒業した。雅夫は杜氏を、達夫が製品管理を担当し兄弟三人がスクラムを組んで酒をつくっている。雅夫と達夫が蔵に入ったのは、兄が経営を任された翌年の八九年のことだった。善文は語る。

「本当なら僕も醸造学を学んだのですし、酒づくりの現場に入ることもできました。でも蔵の実情がそれを許してくれませんでした。しかし、僕に代わって気心の通じた弟たちが現場にいてくれるおかげで、僕の考えていることをストレートに伝えることができます」

これはたいへん肝要なことだが、酒蔵は規模の大小にかかわらず、経営者とつくり手の意思が統一されていなければいけない。経営をする者が売ることばかりに専心するのではなく、杜氏がどのような酒づくりをするか、確固たる軸を打ち立てる必要がある。経営者が酒づくりに関心を払っていない蔵の酒は、結局のところ味と品質に目が届いていない。うまい酒を醸す蔵は、例外なくマネジメントとプロダクトの関係が緊密で、意思の疎通も実にスムーズなのだ。

好ましいと同時にうれしいことに、藤井のように平成になって代替わりした蔵はその点を遵守しているところが多い。ところが量産体制華やかなりし頃、六〇年代終わりから七〇年代の頃の蔵は様子が違っていた。石川県の輪島で『大慶《たいけい》』を醸す櫻田酒造を訪ねたとき、先代からこんな話を聞いた。

「私らや私の親父の時代、経営者は酒づくりにノータッチだったんです。酒は杜氏がつくる。つくった酒は番頭が売ってくる。社長は何もせんでもよかった。こんな気楽な商売はありませんでした」

実に牧歌的なエピソードだが、あくまで過去の事として成立する話でしかない。櫻田酒造でも、七〇年生まれの息子、櫻田博克《ひろよし》が杜氏を兼務して、日々酒づくりと向きあっている。問題なのは、現在にも昔と同じような感覚の経営者がいることなのだ。

近畿のある蔵元は、「酒については何も口を挟みません。全部杜氏に任せています」と言っていた。社長は仕込みの間、ずっと事務所に詰めていて一度も蔵に入らないという。聞きようによっては、社長と杜氏の間に麗しくも確固とした信頼関係があるように思える。ところが、取材を続けていてウンザリしてしまった。

この蔵の酒は、鑑評会狙いのような香り一辺倒の酒だ。しかも年度によって出来に著しい上下があるようだった。自分のところの酒をどう思っているのか、どんな酒をつくりたいのかと社長に聞いたがどうも要領を得ない。杜氏は頑固一徹という風情の初老の男で、自分の酒づくりには、「たとえ酒づくりを教えてくれた親方であっても」絶対に言葉を挟ませないそうだ。経営者は酒に対するビジョンを持たず、杜氏は偏狭な世界観に浸り、進歩を知らぬ技術と旧弊な知識で酒をつくっている。こんな酒づくりが許されるほど、今の日本酒が置かれている状況は甘くはない。酒づくりに対する、呑み手に対する責任の所在はどこにあるというのか。

「どうも売れ行きは捗々《はかばか》しくありませんな」

社長と杜氏は苦笑していたが、私は心の中で「むべなるかな」と呟いた。

「純米酒」として復活させる

藤井のつくりたい酒、売りたい酒、呑んでもらいたい酒には明確な指針があった。

「酒呑みに杯を重ねていただける酒。うまい、とたったひとこと、最高のお褒めの言葉をいただける酒。つくり手が自信をもってお届けできる酒――そんな酒の復活を目指しました。それが『龍勢』だったんです」

『龍勢』は、一九〇七(明治四十)年に開催された第一回全国清酒品評会(現在の全国新酒鑑評会の前身)で最高賞の優等第一位を受けた栄誉ある銘柄だ。しかし藤井が仕事を手伝い始めた頃には、すでに蔵のメインブランドは『寶壽』になっていた。本章の冒頭で『寶壽一』と書いたのは、ある人から「字数が悪い」という忠告があり、ゲンをかついで「一」の字を看板に加えたのだそうだ。商品名に「一」はついていないし、「宝壽」と書いている。

「戦争直後の米不足から純米酒をつくれなくなってしまい、龍勢の名はしばらく途絶えていたんです」

藤井が願ったのは純米酒としての龍勢の復活だった。八七年に埼玉県蓮田市の『神亀《しんかめ》』が戦後初めて全量純米酒にシフトしたのも大きな刺激になった。

「『神亀』の小川原常務は大学の先輩で、こんこんと純米酒の良さを説いていただきました。その後、鳥取の『鷹勇《たかいさみ》』の純米酒を飲んで最終的に決心が固まりました。とにかくうまかったんです。三増酒から純米へシフトする道を作ろうと決心しました」

純米酒とは、ごく簡単に言ってしまうと、米と米麴《こうじ》、それに水だけでつくった酒だ。戦前は、戦後ほど数々の醸造技術が登場しなかったこともあり、日本中すべての酒が純米酒だった。濃醇でどっしりとしたタイプが多いが、最近ではあっさりした呑み口の純米酒も登場してきた。総じて酒呑みの原点のような日本酒だ。醸造技術の優劣が顕著に出る酒という解釈も間違っていない。

純米酒は、ここのところ盛り上がっている原料明記や産地呼称、本物志向などの消費者ニーズにも合致している。だからそれに乗じて、醸造用アルコールを添加せずに「米だけ」をアピールする酒も続々と参入してきた。「米１００％の酒」「米だけのすーっと飲めてやさしいお酒」「女性が造った米だけの酒」などがそれだ。この手の酒は、四十ほどのメーカーから百品目近くもの銘柄が市場に出回っている。

〇三年まで純米酒には精米歩合七〇パーセント以下（精白度三〇パーセント以上）に磨いた酒という規定があったが、〇四年一月一日から酒税法に定める清酒の「製法品質表示基準」が改訂され、精米歩合が何パーセントであれ、それを表示さえすればよいことになった。さらに麴の最低使用率を一五パーセント以上にする、原料米は三等米以上を使用しなければいけないという新たな規定も定められている。ただし「特別純米酒」の規定は残った。これは精米歩合が六〇パーセント以下の純米酒で「香味、色沢が特に良好」なものだ。

とはいえ今回の改訂で〝純米酒もどき〟とみなされていた、精白歩合の低い「米だけの酒」はもちろん、「液化仕込み」のように、米の澱粉を余すところなく利用することで、製造原価を下げ合理化と省力化することを目的に開発された方法でつくった酒も堂々と純米酒を名乗れるようになった。一方、くず米や四等以下の低等級米でつくっていたり、「酵素仕込み」のように麴の使用率が規定値より低い酒は純米酒の名称を使えない。この手の酒はラベルに「純米酒ではありません」と明示することになっている。

改訂以前からも、中にはひどい出来の純米酒があった。藤井も、「純米酒をくどいといって嫌う方もいらっしゃいます。純米酒づくりは米と麴さえあれば酒になるような簡単な技術ではありません。原料処理には気を遣いますし、発酵もタイミングよく止めなければいけません」と認めている。

改訂によって、もっとまずい酒が純米酒を名乗る危険性もある。藤井は別の角度から問題点を指摘した。

「必ず精米歩合を明記しなくてはいけなくなったことで、消費者の皆さんは、磨きのかかった酒がうまいと勘違いされるのではないかと心配しています」

基本的に米は白く搗《つ》き、磨けば磨くほど雑味がとれて、すっきり、きれいな酒になるといわれている。大吟醸ブームが業界を席巻したときは三五パーセントなど当然で、二〇パーセント台まで磨いた酒も登場した。商品名に精米歩合を謳う酒も多い。私の知る限りでは、『獺祭《だっさい》』の「磨き二割三分」という純米大吟醸が市販酒の最高ランクではなかろうか。二三パーセントというのは、米の七七パーセントを捨て去るということだ。

「どんな米を使っているかも大事なことですし、精米もやり方がいろいろあります。数字競争をするのは、それほど意味のあることとは思えません。五〇パーセントから先は、搗き歩合よりも杜氏の腕によるところが大きい。三五パーセントまで磨かなくても、五〇パーセント精米の酒の方がうまいということはあり得ます」

現在の龍勢は、すべてのラインナップが純米酒だ。ただ、寶壽は一部の本醸造に醸造用アルコールを添加している。藤井酒造全体の出荷ベースでは純米酒比率が七割を超す。藤井は、「純米酒こそが日本酒のあるべき姿」と強調してやまない。私も日頃は純米酒を好む。龍勢という酒も大好きだ。しかし純米酒原理主義者ではない。というのも、私の周囲にも純米酒崇拝者がいて、彼らが盲目的かつ教条的に見えて仕方がないからだ。ラベルに「アルコール添加」の文字を見つけると鬼の首を取ったように悪口雑言を並べ立てるくせに、ブラインドテストで料理酒を出したとしても「うまい！」と叫びそうな手合いが多いので、こっちがゲンナリしてしまう。

だが藤井は穏やかな口調で言った。

「私たちの目標は、日本酒本来の魅力を醸すことです。アルコール添加は諸刃の剣ではないでしょうか。飲みやすさや、香り、すっきり感を出すためのアルコール添加を否定はしませんが、逆に増量やごまかしのためのアル添（アルコール添加）はいかがなものでしょうか。純米であっても、絶対にいい酒はつくれるはずです。米の力で米の味を打ち出そうというのが、龍勢のポリシーなんです」

もちろん私もジャブジャブとアル添するような酒を否定するし、アル添の酒にろくでもないものが多いことは認める。だが読者には、添加用のアルコールを何年も熟成させたうえ、何度も炭素をかけて臭いをなくし、熟練の杜氏が絶妙の采配で加えている蔵もあることもご承知いただきたい。そういう酒は、アルコール添加をしていても文句なしにうまい。

藤井はそれまでの杜氏が体調を崩してリタイアしたのを機に、鷹勇を醸している杜氏と同じ出雲杜氏の長崎芳久《よしひさ》を招く。そこへ大学を出て国産ワインメーカーで醸造に携わっていた弟の雅夫が蔵人として加わった。雅夫が五年修業した時点で、長崎杜氏が免許皆伝を認めてくれた。龍勢の行方は雅夫に託された。長男は九三年をもって、一切の桶売りを止めた。八百石近い減産を覚悟の決断だった。

仕込みの季節の酒蔵

酒蔵を訪れるのは、晩秋から冬にかけての仕込みの時期がいい。

蔵には凛とした空気が張りつめているが、それは寒気のせいだけではない。杜氏を頭とした蔵人たちの、今年も良き酒を醸そうという決意と、緊張や祈りの心が一体となっているからだ。蔵に漂う真摯で気高い雰囲気を蔵人と共有するだけでも、日本酒ファンの琴線はかき鳴らされる。

藤井酒造の蔵も例外ではない。

日本酒が置かれている低迷と迷走という現実は否定のしようもないが、暗澹と絶望ばかりを口にしていても、いっかな復活と再生のきっかけが摑めないのは明白だ。藤井は弟に、ただ「うまい酒をつくれ」としか言わない。雅夫もそれを踏まえて、黙々と酒づくりに邁進している。だから、蔵に満ちているのは日本酒を醸すことに対する誇りと自信、さらには麹や酵母の働き、気温、天候などを司る自然への畏怖だ。

この業界では「再現性」という言葉をよく使う。去年の酒はうまかったが、今年はどうも……では商売にならない。毎年、毎年よい酒をつくり続けることが肝要だ。とはいえ、杜氏が寸分の狂いもないように絵図面を引いても、必ずしもその通りにいかないのが日本酒の難しいところといえる。

雅夫は一見すると、三十代に入ったばかりという若々しさだ。兄とは違い面長で、とりわけ、大きな手や太く発達した前腕部から上腕部の筋肉には目を見張るものがある。彼の肉体は、洗米から蒸し米、麹づくり……酒を醸す作業に力仕事がついて回ることを雄弁に証言していた。

蔵に大型コンベアや偉容を誇る蒸し器などは置いていない。兄が経営を引き継いだときにあった増石増産時代の遺物はすべて排除した。だから藤井酒造の蔵は、スペースが空いていて妙に間延びした印象がある。雅夫は米を手で運ぶし、製麹も小分けして、丁寧に作業を重ねる。小ぶりな甑《こしき》や蒸し器を使うのは、そうしないと彼の目が隅々まで届かないからだ。手間を厭わぬことで酒への敬意と愛着も増す。

『龍勢』という酒が、かつて日本一だったという意識を常に持って働いています。何から何まで手づくりがいいとは思いませんが、なるべく酒には手をかけてやりたいと思っています」

雅夫は、ひたすらシンプルに、まっとうに酒を醸すことを心がけている。

「生意気なことを言える身分ではありませんが、要はリズムだと思います。うちの井戸から汲んだ水で米を洗うところから、タンクに収めるまで、僕が音頭をとって蔵人のリズム、いい流れをつくっていきたいんです」

兄の善文とは違って――こう書くと善文が気を悪くするかもしれないが、雅夫は決して饒舌ではない。訥々と、ときに詰まりながら、言葉を選んで話す。その朴訥さには職人気質の本道、ただひたすら酒づくりに打ち込む杜氏のあるべき姿を感じた。

早朝、五人の蔵人が揃う前から、雅夫は井戸水の温度を計り、洗米機や盥《たらい》などの器具を徹底的に洗浄している。「酒づくりが始まると、最後の最後まで落ち着いていられないんです」と、はにかみながらも手が休むことはない。

洗米、吸水などの作業が始まると、必ず先頭を切って行動するのは雅夫だ。蔵人たちも無駄口ひとつきかない。彼の言う「リズム」に乗って仕事がこなされていく。だがそれは淡々というものではなく、常に緊迫感の漂う真剣勝負だった。

「最も気を遣うのが米の原料処理です。米を洗って、吸水させるわけですが、米の搗き方の状態や気温、天候、水温などの違いによって毎回条件が異なってきます」

精米歩合が高く白く磨かれた米ほど、水に漬ける秒単位の精緻なタイミングが求められる。その具合の微妙な差異が酒質に大きく響く。洗った米を笊《ざる》にあけ、それを浸漬《しんせき》、つまり水に浸すとき雅夫はストップウオッチを片手に桶を睨む。これを限定吸水と呼ぶ。雅夫に、何を見極めているのかと質問すると、短く「目ん玉」という答えが返ってきた。雅夫は唇を噛みしめながら水に沈んだ白い米を見つめている。「よっしゃ」という彼の掛け声と同時に、若い衆が急いで笊を取り上げた。

ストップウオッチの時間をメモしてから、雅夫は説明してくれた。

「米の真ん中に心白という部分があるんですが、そこを僕らは〝目ん玉〟と呼んでいます。ここにどれだけ水を吸わせるか。外側から水が米の中に入っていって、目ん玉へ迫っていきます。目ん玉が白色から透明がかってきたら水が染みてきたわけです。あとはいつ水から上げるかの判断だけですね。水から上げた米は、その後も三十分ほど吸水を続けます。そのことも計算に入れておかないと。これはカンといえばカンですし、経験値といえば経験値になるし……だけど、その間合いが成功するかどうかで、酒の出来が変わってくるのは間違いありません」

浸漬を終えた米は広げて保湿する。その後、甑に移して乾燥蒸気で蒸す。甑とは大きな蒸籠《せいろ》だ。和釜の上に乗っていて、酒づくりの間中ずっと活躍する。甑を外すことを「甑倒し」といい、それは蒸しの作業を終えることだけでなく、酒づくりの季節の終りも意味する。

蒸しあがった米は小分けにして麻布の上に広げられて熱気を冷ます。

「竹原は冬でも気温が高いので蒸した米を冷やすのが大変なんです」

雅夫は自然放冷を心がけている。思ったように温度が下がらないときは、敷き詰めた麻布をたぐって膨大な量の蒸し米を片隅に寄せ、巨大な団子にする。「そのまま半時間くらい置いておいて、また米を崩してならします。そうすると温度が下がっているんです」と雅夫は言った。私は簡単に書いているが、すべての作業が中腰で行われるうえ、かなりの力が必要で相当ハードな仕事だ。

やがて蒸し米は麹室に引き込まれる。麹室に入った途端、私のメガネが曇った。温度計は三十五度を示していた。雅夫も蔵人も上半身裸になって作業する。まず杜氏の手で「もやし」と呼ばれる麹菌が振られ、蔵人たちが麹菌の繁殖を均一にするため両手で米を揉んでいく。これが「揉み上げ」で、塊となった米を一粒ごとに分けるような作業だ。揉み上げた麹は一か所に積まれ、また布を被せられる。半日近く経つと麹菌が発芽するので、山を崩して米の表面と内部の繁殖具合を均一化する「切り返し」を行う。

「『一麹、二酛《もと》、三つくり』といわれるくらい、麹の出来は酒質を左右します。破精《はぜ》といって、麹菌がどういう具合に米に食い込んでいくかが大事なんです。米の表面の破精た部分とそうでないところがはっきりしているけれど、米の中に菌が深く食い込んでくれるのを突き破精といって、これが最高の状態です。吸水や蒸しがうまくいったら、菌も破精が進んでくれます」

破精た米は膨らんでいる。それが突き破精なら、糖化力が強いだけでなくタンパク質の分解力もあって純米吟醸酒づくりに最適だ。破精が確認できたら、工程は麹を麹蓋という小体な箱へ移し替える「盛り」に入る。麹蓋は室の中に高く積まれていく。こうして麹菌の繁殖した米を麹米といったり、単に麹と呼んだりする。ここでは雅夫にならって「麹」で統一したい。

「盛った麹箱は麹の温度を一定にするため、積み替えという麹蓋の位置を変える作業をします。その後の仲仕事から仕舞仕事までの段階があって、それぞれ麹を攪拌して水分を均等に発散させ、炭酸ガスを吐かせて破精の均一化をはかります。最後の仕舞仕事から八時間くらい経ったら、麹は栗のような香りになってくれます。しかも噛むとほんのり甘いんです」

雅夫と蔵人の仕事はまだまだ続く。

特に酛づくりは、これまでの作業に負けずとも劣らぬ大切な仕事だ。酛は酒母《しゅぼ》ともいう。酛という字を分解すると〝酒の元〟だし、酒母は〝酒づくりの母〟になる。米を磨き、洗い、浸漬させ、蒸し、麹を破精こませる……これまでが前半戦なら、酛をつくって酵母の力を発揮させ、それを醪《もろみ》にして上槽するまでが後半戦になる。

酛は麹と水、掛け米、さらに酵母をタンクに仕込んでつくる。掛け米は麹米と同じ種類の米の場合もあるが、異なる米を使う蔵も多い。龍勢はすべて麹米も掛け米も同じ種類を使っている。

酵母は単細胞微生物で種類は何万、何十万にも及ぶ。その種別に資質が異なり、この違いが酒の味や香りを決定づける重要な要素となる。私が苦手な吟醸香の高い酒も、アルプス酵母に代表されるカプロン酸エチル高生産性酵母や、バイオテクノロジーを使った花酵母など特定の酵母の力のたまものだ。雅夫は酵母について語った。

「年が明けると吟醸系を醸すことが多くなるので協会七号酵母を使っています。香りは協会九号酵母ほどではありませんが、奥深い味わいの酒をつくってくれます」

「協会」とは財団法人日本醸造協会のことだ。明治までの酒づくりは、大気中に漂う自然の酵母や蔵に住み着いた家付き酵母の力に頼っていた。それを明治末期に醸造協会が主体となって、優秀な酒を醸した蔵の酵母を純粋培養するようになった。ちなみに協会七号は四六年に長野の『真《ま》澄《すみ》』の醪から分離、協会九号が『香露《こうろ》』の醸造元の熊本県酒造研究所で分離した酵母だ。協会酵母には発酵時に泡の出る六種類、泡なし酵母が六種類、そのほか少酸性酵母、高エステル生成酵母、リンゴ酸高生産性多酸酵母といった高い香りを出す酵母などがある。他にも大メーカーやバイオ研究所、大学などでさまざまな酵母がつくられている。

吟醸酒ブームを陰で演出したのは「九号酵母」だった。この酵母は芳香を持つ酒を醸すのに向いており、味わいやうまさよりも香り重視に傾く鑑評会で、上位の成績をとるには欠かせない存在として注目を集める。そこに「米は山田錦を使い、精米歩合は三五パーセントまで磨く」の条件が加われば、鑑評会で金賞がとれるという風説がまことしやかに語られるようになった。いわゆる「YK35（Y＝山田錦、K＝熊本九号酵母）」神話だ。

酵母を多量に培養させたものが酛になるわけだが、酛は「速醸酛」と「生酛」に大別される。生酛は古来からのつくりで、自然界の乳酸菌を取り込む。由緒正しい酛のつくり方だが、いかんせん腐敗の危険性が高いうえ、完成するのに一月近くもかかるのが難点だ。一方の速醸酛は、藤井酒造を含め圧倒的多数の蔵で採用されている。仕込み水に醸造用の乳酸菌を添加し充分に攪拌し、その後で麹と掛け米を投入する。速醸とあるように酛の完成までは、生酛の半分以下の日数があればよく、そのうえ腐敗にも強い。双方とも乳酸菌の力を必要とするのは理由がある。酛はタンクの蓋を開けた状態でつくるので、どうしても野生酵母や雑菌が入り込んでしまう。乳酸菌はそれらを駆逐してくれるのだ。

生酛や、生酛づくりの中の「山卸し」という、蒸し米を櫂棒《かいぼう》で丹念に摺る作業を省いた「山廃」は最近ちょっとしたブームになっている。しかし生酛や山廃には熟練の技と豊富な経験に加えて、厳しい温度管理が必要で、おいそれと醸せるものではない。かといって誤解しないでほしいのだが、速醸酛が悪いというわけではない。速醸酛だからといって安易に醸せるほど酒づくりは底の浅いものではない。雅夫も酛づくりには大きなテーマを持っている。

「現在は速醸酛ですが、いずれは生酛に挑戦したいです。これは日本中の杜氏さんが考えていることではないでしょうか。腕前が大事なのはもちろんですが、広島のような温暖な土地では温度管理のための設備投資が必要ですね」

タンクに酛と麹、水、蒸し米を仕込んだものを醪という。醪はタンクの中で米が発酵している状態だ。日本酒は「並行複発酵」といって、醪の中で糖化と発酵が同時かつ協調的に進んでいく。糖化を受け持つのは麹で、酵母は米がブドウ糖になったときに力を発揮してアルコールを生み出す。並行複発酵で醸す酒は世界でも日本酒だけだ。醪は初添え、仲添え、留添えの三段階に分けて、それぞれ麹、水、蒸し米を仕込む三段仕込みで行う。

蔵には何本も大きなタンクが並ぶ。工事現場のように、それぞれの間には板が渡してある。雅夫は足元も見ないでさっさと行く。私は危なっかしい足取りで彼の後について回った。タンクの上から醪を覗くと、プツプツと泡が湧き出ている。薄暗い蔵の中で白い泡が音を立てている様子は神秘的だ。まだまだ若いが、それでも紛れもない日本酒の上立香がする。

雅夫はタンクの縁に顔を寄せ、身を乗り出して醪の香りを確かめ、泡の状態や音に注意を払う。私も彼に倣う。

「この泡は酵母が苦しがっている証拠なんです。酵母には申し訳ないけれど、苦しみぬいて発酵してくれることでうまい酒ができます」

雅夫はこう言うと、もう一度タンクへ目をやった。彼の、わが子を愛しむような表情が胸を打つ。私も再び泡を見る。酒づくりのことなど何も分からぬトウヘンボクだが、それでも麹と酵母が協調して織り成す厳粛な営みが伝わってきた。一粒の米が杜氏や蔵人の手を借り、こうして姿を変えて酒となりつつある。日本酒、特に地酒が優れた食文化であり、同時に工芸品でもあることを実感できた。

もうすぐ酒づくりは最終段階へと向かう。

理想の酒を求めて

雅夫とじっくり話せたのは、夜も十時を過ぎた頃になった。彼は食事をする時間も惜しんで蔵に入り浸っている。酒のことが気になって仕方がない——この日も朝食を摂っただけで、ずっと酒を醸していたのだという。彼は丼に盛った飯を、すごいスピードで平らげていく。その無邪気な食べっぷりに、私は思わず微笑した。

彼の食欲が満たされたところで、善文も加わり酒談義となった。雅夫は自分が醸した新酒を前に畏まった。

「上槽にまでたどり着くと本当にホッとします。杜氏を任されて心配事の多い仕事だということが分かりました。兄は再現性を口にしますが、毎年、毎年、なかなか思い通りの酒はつくれません。もしお客さんが、良い酒ができたと言って下さるのなら、それは米や水、蔵の力のおかげです」

龍勢では山田錦よりも、備前雄町《びぜんおまち》や千本錦、こいおまち、八反錦という米を使っている。

「山田錦はいい米ですけど、〝ＹＫ35〟のように何でもかんでも山田でなければダメという風潮には疑問を感じますね」と善文は語った。

「米は酒にするとよく特徴が出ます。山田が万人好みの八方美人なら、雄町はグラマラスでふくよか、細身の千本錦はきれいな酒になり、八反錦なら中肉中背というところでしょうか」

雅夫は長崎芳久杜氏に仕えて酒づくりを学んだが、杜氏から手取り足取りして教えられたことは何もなかったという。だからといって、長崎が狷介な性格だったわけではない。逆に温和で一度も声を荒らげたことのない人だった。

「杜氏は何から何まで自分が率先してやってらっしゃいました。朝、僕が蔵に出てみると、もう仕事をしている。いったい何時に起きてるのか不思議でした。ひょっとしたら、つくりの間は、ほとんど寝ていらっしゃらなかったのかもしれません。杜氏は何をするにも、細かいところまで徹底してやってらっしゃいました」

雅夫は蔵に入るまで、大学で学んだ醸造学の知識や教科書にある数値がすべてだと勘違いしていた。ところが実際の酒づくりは、数字などほとんど役に立たなかった。経験はもちろん、日々の工夫や酒に対する愛着、仕事への傾倒が欠かせない。

「長崎杜氏は麴をつくるとき、必ず麴室で夜をすごしていらっしゃいました。そんな様子が今も脳裏に残っています。僕が酒をつくるときは、あのとき杜氏はどうやっとったやろ、と思い出しながら仕事をしています」

雅夫が重視する「リズム」は、長崎杜氏のリズムと同じものなのだそうだ。そういえば、彼の仕事に取り組む態度も親方譲りといえよう。雅夫には妻子があるし家も蔵からクルマで三十分くらいのところだが、酒づくりの期間中はずっと蔵で寝泊まりしている。

理想の酒とは？　という質問に、兄は「呑んべえの杯が進む酒」といつものように答え、弟は生真面目に「一杯目からうまい酒」と返事をしてくれた。

しかし杜氏がいくらよい酒を醸しても、熟成の時間や火入れの時機を間違うと品質は大きく劣ってしまう。杜氏が鼻を利かし、舌で転がし、勘を働かせて出荷時期を決めるのがベストなのだが、春になると杜氏は帰ってしまい、後のことはメーカーの人間に委ねられる。たいていの蔵では営業の一存で瓶詰めされ、出荷されているのが現状だ。

「うちの酒ではそれがありません。長男の私が市場の動向を把握し、杜氏の雅夫と管理を統括する達夫が毎日顔をつき合わせてベストな情況を探っているんです」

三男にあたる達夫は応接室の隣の六畳ほどのスペースで、フラスコやビーカー、試験薬に囲まれて仕事をしている。双子の兄がつくった酒を分析し、品質に誤謬がないかを徹底的に追究していく。醸した酒は熟成させるが、その間の品質管理も彼が担当する。地味だが、酒づくりには欠かせぬ重要な仕事だ。

「お客さんが藤井酒造の酒を、どういう想いで呑んでくださるのか——それを考えると緊張の連続です。一本でも下手な酒を出してしまったら、もう一生呑んでいただけないですから」

達夫もまた訥弁ながら、真摯に酒のことを考えていることが伝わってきた。

私がこの蔵を好きなのは、酒のうまさもさることながら、マーケットの需要ではなく酒づくりの都合で石数を決めているからだ。しかも兄弟が納得した酒しかつくらないし、市場に出さない。だから三増酒をつくっていた頃に比べて製造量は大きく減った。「でも商品単価が倍になって収益は少しだけど上がっています」と善文は話す。金融機関はその点を指摘して、「今の態勢のままペースを上げてもっと量産しろ」と言ってくるそうだが、兄弟はとんでもないと首を振る。

「そんな……今のような、丁寧な酒づくりをしていて増産できるわけがありません。雅夫をはじめ五人の蔵人が、それこそ寝ずに働いても、せいぜい三割アップが上限でしょう。だけど無理をして酒の質が下がってしまったら元も子もなくなってしまう」

いたずらに生産量を追わず、本質を究めることこそが酒蔵の使命――善文の顔に厳しいものが宿った。

「うちは何万石の酒をつくっています、という〝量〟がステイタスだった時代は終わったんじゃないでしょうか。日本酒を理解していただくには、一心にいい酒をつくるしか方法はないはずです。決してスノッブな贅沢趣味じゃなくて、本当にいい酒だけをお客さんに飲んでいただきたいんです。そうすれば日本酒の良さが必ず分かっていただけるはずです」

日本酒に触れてもらう機会

藤井酒造の蔵は八〇〇坪以上もある。白い土塀の一部が崩れ落ちたままなのは、二〇〇〇年の鳥取県西部地震で剝離してしまったからだ。そういえば、蔵の奥にある事務所も古く、セピア調の写真を見るかのような、現代建築にはない趣と落ち着きを残している。だが、いかんせん建てつけが悪いし、酒づくりの時期にエアコンの効かない室内はさすがに冷え込む。「酒づくりにばっかり金を回してしまうので、修理や改築ができないんです」と藤井は苦笑してみせた。

竹原の町並みの一部が観光資源として整備してあることは冒頭でも述べた。藤井酒造の蔵はその北西の端に位置する。入り口のスペースには、商品や酒に関するグッズを置くコーナー、さらにはその奥で脱サラした藤井の知人が蕎麦屋も営んでいる。

「この場所は遊んでいましたからね。でもそういうことは、ほどほどにしておかないと。自分たちの本業は何かということを忘れてはいけません」

昨今は蔵を観光資源として再評価する動きが進んできた。中には酒文化資料館という趣のものがあるし、商売気の強い〝観光蔵〟とでも呼びたくなるような代物もある。誰ぞに入れ知恵されたのか、それとも酒づくりに見切りをつけたのか、蔵をレストランやバーに改造して得々としている経営者も多い。「おかげさまで予約が殺到しています」とはしゃぐ蔵元に、「レストランもいいけれど、もっと正面から酒と向き合ってほしい」とホンネを言ったら、たちまち彼は不快そうな顔になった。あるいは蔵もサバイバル時代を迎え、副業で売上げを確保しなければ食べていけないと考えるべきなのか。

観光蔵では例外なく見学コースを設けている。観光バスのスケジュールに組み込まれているケースも少なくない。長い列を作って蔵を歩き、通りいっぺんの説明を聞く。唎き酒もできる。最後は立派な物販コーナーへ誘導されるわけで、ちゃっかりしているなあ、と嘆息してしまう。

唎き酒や販売コーナーを眺めていると、ほぼ一〇〇パーセントの人々が「うまい」と感嘆してみせる。しかしこういう人は、酒蔵の劇場効果に酔っているだけだ。出来立ての酒を、その場で呑むほど贅沢なことはないし、実際においしく感じる。ところが蔵で買った酒を家に帰って開けてみたら、現地での味と程遠くてガッカリすることが多い。しかし私たちは、蔵で飲んだ味、特にタンクから取ったばかりの酒は例外中の例外だと心得た方がよい。蔵の味を消費者にそのまま届けられないのは、酒の流通に関わる大問題だが、一挙に解消できない大難問でもある。自衛策としては、管理の行き届いた酒屋を見つけ、そこで程度のよい酒を買うしかない。

蔵を公開していなくても、交渉次第で見学させてくれることもある。蔵におじゃましたとき、私は日本酒の取材をしているとは言わず、「単なる酒呑みです」と挨拶する。たいていは怪訝な顔で、頭のてっぺんから爪先まで値踏みされた末に断られてしまう。だが中には心優しい蔵元もいて、主人自ら蔵を案内してくださる。私もご厚情に対して礼を申し上げ、見学の最後には酒を買い求める。ところが、こういう蔵の酒が自分の好みにあうかというと……買って損した、なんてことも度々だ。世事というものは、なかなか首尾よく進まぬ。

それにしても、世の中にはどれだけの酒があるのだろう。ワインを堪能する人もいれば、シングルモルトのグラスを傾ける人もいる。焼酎一途と志を固めるのもよかろう。ビールやスピリッツは世界各国に広がっているし、カクテルをつくる組み合わせの愉しみは無尽蔵だ。私だって日本酒以外の酒の素晴らしさは認める。郷に入れば郷に従う。レストランで、この料理と日本酒を合わせてみたいという誘惑に駆られることはあるが、日本酒を出せと暴れるようなことはしない。これだけアルコールの選択肢が増え、その楽しみが多様化した現在、日本酒をチョイスさせるにはどうすればいいのか——戦略、戦術を練るのも並大抵のことではない。

ついでだから言わせていただくが、唎き酒会や販売促進目的のパーティーでは、やたらと若い女に気を遣っている。しかし、招待されている着飾った女たちは、その場でこそ絶賛の嵐を巻き起こしているものの滅多に酒場で日本酒を注文しない。軽佻浮薄な私は、よく都会の人気スポットに迷い込んでしまうが、そういう場で彼女たちは大変に高い確率でワインや焼酎を飲んでいる。喉もと過ぎれば、日本酒のうまさだけでなく賛辞も忘れてしまっているのだ。

日本酒メーカーは、広告代理店やマーケティング会社の口車に乗せられてはいけない。明らかに日本酒を普及させる姿勢が間違っている。日本酒が媚びへつらう必要はない。堂々と正攻法で臨めばいいのだ。本質を踏まえた酒を醸し、それを押し出す。もちろん居丈高になったり、依怙地に陥ってはいけないが、下心が透けて見えるのはもっとよろしくない。米を基幹にした日本の食文化の華、世界に類を見ない並行複発酵の酒という誇りを持ち、かつ謙虚に粛々と進むべきだ。酒蔵から酒販店、飲食店に至る、日本酒という大河の流れの中において、それぞれがあまねくプロの名に恥じない仕事をすること、これに尽きるのだ。道は険しいし長いだろうが、そうすれば必ず客は帰ってくる。自然に日本酒の良さが理解される。

「いろんな蔵が、いろんなことを考え始めています。龍勢のように純米酒という形で酒の本質を極めようとする蔵もあれば、低アルコール酒やシャンパンのような発泡性の日本酒、女性向きの酒といった商品開発に向かう蔵もある。僕だって日本酒のことを知ってもらおうと、時間さえあれば全国を回って唎き酒会や試飲会などの日本酒のイベントに顔を出しています」

藤井は、どんな方法であれ、少しでも日本酒に触れてもらう機会を作ることが急務だと力説した。私が憤然として、人寄せパンダのような人物を擁している蔵もあると指摘しても、彼は「それもまた日本酒のためにはプラスになるかもしれません」と執りなす。藤井の優しい性格もあっての発言だろうが、彼は内輪であれこれ言い合うのはよくないと繰り返した。

「僕はどの蔵も一所懸命だと信じています。よその悪口や批判よりも、日本酒の間口を広げることのほうが大事です。言い方は悪いですが、何本も釣り針を仕掛けて、そのうちのどれかに食いついてもらえればいいと思うんです」

そこまで事態が切迫しているということなのか、と私は反問した。藤井は頷き、しばらくしてから言った。

「しかし、僕と弟の酒づくりに対する決意は変わりません。それだけは分かっていただきたいです。愚直にいい仕事を続けていきさえすれば、壁は厚くても必ず打ち破ることができると信じています」

新潟県三島郡、河忠酒造

西の酒どころを後にして、私は東日本を代表する酒づくりの地、新潟へ向かった。『想天坊《そうてんぼう》』を醸している河忠酒造は新潟県三島郡脇野町にある。

常務の河内《かわち》忠之《ただゆき》は七一年生まれの三十三歳と若いものの、蔵は一七六五（明和二）年創業と老舗だ。ありていに言って、地酒を醸す蔵は庄屋や絹問屋、廻船業者といった名家に実力者、富豪だったところが多い。酒づくりというのは、貴重この上ない〝白いおまんま〟を食べもせずアルコールに変えてしまうわけだから、究極の贅沢品ともいえる。それに事業を興すとなると、原料仕入れや労働力確保など相当の資力と人脈が必要だ。素封家でなければ務まらなかったのも当然だった。河内家もその例に漏れない。「忠」の字を総領につける伝統も続いていて、忠之は長男に忠臣《ただおみ》の名を授けている。息子が酒づくりを継げば十代目だ。

河忠酒造では長年『福扇《ふくせん》』という銘柄一本でやってきたが、忠之が二〇〇〇年一月から新たに想天坊を立ち上げた。想天坊は、三島町に伝わる民話の舞台となった山の名にちなんでいる。そこに、「天の恵みや蔵周辺の自然環境（水田や水源等）を常に想いながら酒をつくる人でありたい」――という気持ちを込めた。

「実は日本酒が大嫌いだったんです。最初に飲んだのが三倍増醸酒で、そのまずさがトラウマになってしまったからです。だから家を継ぐ気なんて起こらなかったし、酒づくりになんてまったく興味が湧きませんでした」

忠之に限らず、酒屋の息子が日本酒を嫌悪していたという話はいたるところで耳にする話だ。七〇年代から八〇年代にかけて、初めて日本酒と接した人々で、それをおいしいと感じた人はごく稀といっていい。もちろん当時もうまい酒はあった。だが学生や新人サラリーマンにとって、そういう酒と出会うチャンスは少ない。

私が学生だった頃も、仲間たちと集まる宴席で出される酒は、予算に見合った安酒のうえ悪酒だった。悪酔いしたし、翌日の宿酔いも酷い。今や「イッキ」の際の酒は酎ハイが主流だが、それ以前は日本酒を無理強いされた。これが日本酒嫌いの要因となっている人も少なくない。甲種焼酎を果汁や炭酸で割ったものはジュースのような味だ。しかし三増酒や三増酒にアル添の酒をブレンドしたような悪酒、それも燗をつけたのはアルコール臭や老ね香《ひかか》、移り香、樹脂臭などが混然としているうえ、ベチャベチャとして甘い。とても呑めた代物ではない。大メーカーも地方蔵も、日本国中の酒蔵がそんな酒をつくり、河内が学生だった十年前にも跋扈していた。日本酒業界の自業自得がここにもある。

「そんな私が家業を継いだのは、三島町長在任中の父に代わって、酒蔵を切り盛りしていた叔父が急死したからです。父は公職を途中で投げ出すわけにもいかず、私が呼び戻されました。でも私は大して希望も持っていませんでした」

渋々郷里へ戻った河内だったが、幸運な出会いが彼を一変させる。河内に大きな衝撃を与えたのは郷良夫《ごうよしお》杜氏だった。郷は「越後流杜氏の至宝」とまで称されたベテラン杜氏だ。彼の醸した酒は数々の鑑評会を制し、二〇〇〇年には黄綬褒章を受章しているほか、酒造り唄の伝承者でもある。河内とは四十歳の年齢差があるが、郷の腕と感覚、より良い酒を求める姿勢は衰えることを知らない。

「杜氏の醸した酒を飲んで素直にうまいと思いました。もし最初にこの味と奥行き、香りを知ったなら私も絶対に日本酒ファンになっていたはずです」

郷も河内には見所があると感じていた。

「まず感心したのは、常務が出社した初日に蔵の掃除から仕事を始めたことです。酒をつくる時期になったら、自分から名乗り出て麹室に入ってきた。これは見込みがある、酒づくりに興味を持っているな、酒を愛そうとしているなと思ったんです」

郷と河内が目指したのは越後本来の酒の復活だった。河内は郷の酒づくりを「越後本流」と称する。

「いまや端麗辛口が新潟の酒のキャッチコピーのようになってしまいました。しかし、もともと越後の酒の本質は、あっさりとした風情だけで語れません。しっかりとしたうまみとほのかな甘み、それに切れ味を併せ持っているんです」

私も、越後の酒が声高に「香り高くて端麗辛口、呑み口は爽やかで水の如し」などと謳っているのを、何たる世迷言だと憤慨していただけに河内と郷の言葉はうれしかった。

「端麗辛口」は八〇年代半ばから新潟の酒の代名詞のように吹聴され、やがて定着し現在に至っている。端麗辛口を満たす要件として、まず酒の透明度が高くなければいけない。これは、かつての鑑評会が酒に色がつくことをマイナス要素としたことに起因している。酒の色を取り、雑味を矯正するには炭素濾過がもっとも効率的だ。新潟には〝炭屋〟という炭素濾過のプロがいて一家を成している。しかし炭素濾過がすぎると酒本来の味も失われてしまう。アルコール添加と同様、諸刃の剣と心得なければいけない。

舌に乗ったときの第一印象が辛口というのも重要な要素だ。これが台頭した背景としては、それまでの日本酒が甘さに傾き、くどくなりすぎていた経緯がある。反動として甘さを殺してあっさりとさせた味が見直されるようになった。これに加えて、八七年にアサヒビールが『スーパードライ』を発売したことも大きい。〝辛口〟ブームは全国を席巻して日本酒にも飛び火した。だが、切れ味が鋭い、スキッとしていると声高に自慢されても、私は納得できない。奥行き深い味やうまみを犠牲にして、炭酸水のような情緒のない爽快感だけを追求しているようにしか思えないからだ。私は端麗辛口の酒が存在すること、それを愛飲する人がいることに異議は唱えないが、新潟の酒に留まらずネコもシャクシも……という勢いでこの国の酒が同じ方向へ走り出したことには強い違和感を覚える。

彼ら二人の情熱は、「地元の人間が、地元の水と米を使ってつくるからこそ地酒」という点にも集約されている。想天坊は人気の山田錦や五百万石などではなく、敢えて地元の高嶺錦《たかねにしき》という

「酒造好適米」を使うことにした。これは、郷が酒づくりの修業をしたときに用いた思い出の米でもあった。

藤井酒造の項でも書いたが、日本酒づくりにとって米の持つ意味は、はかり知れないほど大きい。ササニシキやあきたこまちといった食用米を用いるケースもあるが、大多数の酒が酒造好適米で醸される。米選びや精米は酒づくりのスタートといえよう。玄米の外側の粉糠を丹念に磨くのは、ここに含まれる栄養分が酒を醸すときには雑味となってしまうからだ。吟醸酒は六〇パーセント以下、大吟醸になれば五〇パーセント以下にまで米を削ってしまう。そのため好適米は食用米に比べて粒が大きく、タンパク質や脂肪などが少ないことが求められる。同時に米の中心部分の心白の割合も手ごろで、外硬内軟のうえ保水力に優れていなければいけない。

酒造好適米は虫害に弱いうえ、穂の背丈が高いので風害にもあいやすい。あまり農家にとっては作りたくない米といえよう。高嶺錦は美山錦《みやまにしき》と並んで長野県が原産の好適米ということもあり、県外で育成している農家は決して多くない。米どころの新潟も例外ではなかった。

「だったら——わしんとこの田んぼで米を作ろうということになったんです」

まずは郷の田から高嶺錦三十俵の収穫があった。その一方で河内は近隣の農家を巡り、作付け分を全部買い取ることを条件に協力を求めた。近い将来には全量を高嶺錦、しかも有機米で醸す日が来るはずだ。

「高嶺錦は、しっかりと原料処理を行い熟成させれば山田錦をも凌ぐ酒が醸せる」と郷は断言する。彼は甑での蒸し米や箱麹を使った麹づくりから、搾りにいたるまで、人の手をふんだんに使った伝統的な方法で酒をつくる。実に煩雑で労苦の多い作業の連続だが、郷は事も無げに言う。

「いい酒をつくるには、手間ひまを惜しんじゃいけません」

杜氏と六人の蔵人たち

郷は、私の目の前に二本の四合瓶を置いた。小柄で小太り、豊頬、血色のよい彼は、大阪の通天閣に祀られているビリケンさんにどことなく似ている。ちなみにビリケンさんは福の神であらせられる。郷はゆっくり二度、三度と瓶を上下に振り、〇四年の新酒を満たしてくれた。

〇三年の米は不作だった。おまけに籾の出来が良くないと聞いている。天候不順も心配の種だ。郷はこの悪条件にめげず、どんな酒を醸しているのか。

「こっちはさっき搾ったばかりの酒です。隣は一週間前に搾って少し寝かせました。まだ滓も取っとらんけど、まずは飲んでみてください」

新酒は当然のごとく、独特の新鮮さや荒々しさが印象的だ。今年の想天坊は、昨季より心持ち香りが立っていた。酸が少なく、あえかな甘みも残る。毎夜のごとく酒毒にまみれ、汚れ疲れ果てたわが舌ではあるが、正直に「うまい」の感想が漏れた。郷は相好を崩し、自分も杯に鼻を寄せ、酒を啜った。

「うん、いい按配に香りが出とる。これなら秋が愉しみだ。ひょっとしたら傑作になるかもしれません。何しろ今年の高嶺錦は少し柔らかくて、溶ける度合いが強かったんです。ここのところ新潟の米は硬くて、それに合ったつくりをしてきましたから、ちょっと作業を変えなければいけなかった。だから少し心配してたんですよ。だけど思った以上に良い香りと味が出てくれました。やっぱり去年の秋に天から充分に水をもらったのがよかったんだろうねえ。このごろの田んぼは、ろくすっぽ水を飲ませてもらってないから、どうしても米が硬くなってしまうんです」

郷は杜氏であると同時に農民でもある。彼は忸怩たる表情になった。

「田んぼに水を飲ますと土地が柔らかになるでしょう。そうしたら収穫のときにコンバインを入れると難儀するんですよ。だから苗が大きくなって出水した後は田んぼに水を飲ませない。私たちが醸す米は水稲には違いないけど、実際は陸稲みたいな作り方をされておるんです。だけど去年は雨水が豊富だった。おかげで田んぼに保水力が生まれて、土が弾力に富むようになりました。そうなると米も硬くなりません。これは天の思し召しですなあ。それにやっぱり有機米はいい。化学肥料の米は確実に質が落ちるし、米自体が不揃いで脆いです」

彼は決して自分の技の冴えを誇らず、再三「雨水のおかげ」「ありがたい」と謙虚に繰り返す。その姿勢に私は感動を覚えた。

「杜氏が驕っても、ろくなことはありません」

郷は両の拳を鼻の上に重ねてみせた。

「こうなってしまうと、結局はガラの悪い酒になってしまいますわ。ガラの悪い酒とは、品性の卑しい酒のことです。酒づくりには杜氏の考えや腕だけでなく、人柄も出てしまうから怖いんです。酒づくりというのは、どこか人間修養に似とります。いつまでたっても完成ということがありません」

酒は米と水、それに麴という自然の恵みを、杜氏が熟練の手練と愛情をもって、ときに対峙し、あるいは慰撫しながら醸していく。方程式に数値を放り込めば結果が出るというものでは決してない。この世界では年ごとの出来不出来は許されず、「再現性」が重要視される。天然と人為の織り成すドラマを毎年のように最高のものにしなければいけない。

「自然体で酒をつくろうとは思っていても、やはりどこかで色気がでてしまうもんです。おまけに例年とは少し按配の違う米でつくらなければいけなかったから、私は必死でした。若い人たちもようがんばってくれました」

郷の下には六人の蔵人がいて、その中には二十代や三十代半ばの若者も含まれている。「ちょっとスパルタだったかもしれません」と、郷は今年の酒づくりを振り返った。私の前では笑みを絶やさぬ彼だが、こういう人が真剣な表情になったら本当に迫力がある。厳寒の中、蔵人らは額に汗を滲ませて酒づくりに没頭していた。その傍らで、ちんまりとした郷が後ろ手で作業をじっと見つめている。要所、要所で蔵人が指示を仰ぐ。郷は低い声で短く指図する。「毎日が試験のようで、気の休まるときはありません」と若い蔵人は語っていた。

しかも想天坊は今年から新しい酵母にも挑んでいる。これは音楽家が楽器、レーサーがクルマを新しいものに取り替えるのと同じくらいに神経を使うわけで、なまなかでない決断が必要となる。河内が話を引き継いだ。

「今年の酒から少し香りをアピールしてみるつもりなんです。だから杜氏にお願いして新しい酵母を使ってもらいました。でも派手に匂うような酒づくりはしていませんからご心配なく」

私は香りの強い酒が苦手なのだが、想天坊のそれは決して下品でもなければ嫌みを感じさせるものでもなかった。河内は続ける。

「想天坊の味には絶対的な自信があります。ところが思ったように市場では評価されない。その原因は香りのインパクトに欠けていたからではないでしょうか。四十代以上のコアなファンは香りより味を重視されます。でも若い人たちは違うんです」

確かに『十四代』あたりは強い香りで世評を上げた。この手の酒の後で想天坊を試すと、香りのパンチに惑わされて正当な評価が下しにくくなる人もいるだろう。河内の信念は「おいしさを知ってさえもらえれば、必ず日本酒は復活する」だ。そのためには「若い人たちにこそ日本酒を飲んでもらいたい」と熱望している。

「香りはそのための取っ掛かりなんです。逆に言うと、一杯目の一口目が勝負の分かれ目ではないでしょうか。いい香りの酒を供して、あれっ、日本酒って案外いけるなって思っていただけさえすれば、後はうまさで引きつけることができるはずです。今年の『想天坊』は、東京にあるお洒落な和食屋さんなんかで評判を取りたいですね」

私は似非《えせ》スノッブとでもいうべき当世風の店を訪ねるたび、日本酒が置かれた環境の悪さに失望を重ね続けている。そんなところに、わざわざ想天坊を置く必要もなかろう。だが懸念を浮かべる私を見て、河内は力強く言い切った。その面持ちは存外に真面目で気迫に満ちている。

「限定流通という形で、日本酒に理解の深いお店や酒屋さんにだけ置いていただく方法論も否定しません。だけど私は、とにかく二十代や三十代にアピールしてみたいんです。自分が持っている情報を喋りたい盛りの人たちに認知していただかなければ、うちの酒だけでなく日本酒全体がダメになってしまいます」

さらに、郷がとりなすように口を開いた。

「『想天坊』は酒の本質を追究しているからこそ、そういう場所にも出ていける。若い人にも飲んでいただきたい。私はそう自負しております」

そこには、もはや「地酒」が蔵のある地方や地域だけを商圏として商売をしていても成り行かない事情もある。地元の酒屋やスーパー、ディスカウントショップには灘、伏見の大メーカーのパック酒だけでなく、『久保田』を筆頭とした同じ新潟の大手蔵の酒や有名ブランドが並ぶ。想天坊のような新興ブランドが、ここに食い込むのは容易なことではない。さらには嗜好の多様化、慶弔の酒としての需要低下、酔うための酒が敬遠され楽しむための酒がメインとなった……数々の日本酒衰退の原因が暗雲を投げかけてくる。河内はさらに表情を引き締めた。

「今後は商圏を首都圏や関西など大都会に求めないと経営は難しいです。そこで想天坊をどう売っていくかが問題です。従来のように卸問屋さんルートや、直接買い付けに来てくださる酒販店、飲食店の皆さんのルートはもちろんですが、新たな方策を練る必要があります。プロモーションの方法も真剣に考えなければいけません」

とはいえ市場は焼酎需要が依然として根強く、想天坊をしてもなかなか開拓は捗らないようだ。派手に「お洒落な飲食店」へ進出すれば、ずっと親身になってこの酒を育ててくれた人々に要らぬ誤解を与える懸念もある。中にはそんな動きを知って「話題になったら置いてもいい」と風見鶏を決め込む飲食店や酒販店も出てきたそうだ。しかし河内には「日本酒という文化を消滅させてはいけない」という悲壮な決意がある。彼は従来のファンに理解を求め、苦境を打開するため一矢を報いたいと訴えた。

「消費者が日本酒離れを起こしているのは事実ですが、それは本当においしい日本酒を知らないからなんです。もっと多くの人々が日本酒を気軽に飲め、素直に納得していただける環境を何としても作っていきたい」

長野県松本市、大信州

大信州は本社が長野県松本市、酒蔵は上水内郡豊野町にある。

『大信州《だいしんしゅう》』は松本で醸されていた『八重菊《やえぎく》』『高原正宗《こうげんまさむね》』と豊野の『つつじ山』が四八年に合併してできたブランドだ。ここでは兄の田中隆一《りゅういち》が常務で経営面を、弟の勝巳《かつみ》は製造部長として酒づくりに携わっている。兄が六一年生まれで弟は四つ違いだ。田中兄弟の血筋が連なる松本の蔵の創業は一八八八（明治二十一）年に遡る。大信州は最盛期の七〇年代に六千五百石をつくっており、主流は二級酒だった。その後、日本酒衰退とともに石数は減り、二か所での醸造をやめて豊野に集約した。現在は二千石で大吟醸や純米大吟醸といった特定名称酒を主軸に据えて勝負している。

まずは豊野に勝巳を訪ねた。彼も河内と同様に「日本酒なんてまずいものだと信じ込んでいたので、自分の家の酒なんか飲む気にもならなかった」という悲しい原体験を持つ。

兄が東京農大で醸造を学び、勝巳は国学院大卒業後にワインや焼酎メーカーのメルシャン（旧三楽オーシャン）に勤める、優秀な営業マンだった。しかし現在は醸造を学んだ兄が経理面を含めた営業を管轄し、弟は蔵で酒づくりに邁進している。勝巳は言う。

「僕が日本酒に目覚めたのは三十歳を過ぎてからなんです。それまでは仕事の関係もあって白ワインやシャンパンにはまっていました。中でも白ワインは大好きで、この酒の持つ厚みやとろみに勝る酒なんて世の中にあるはずがないと思ってたんですよ」

ところが『大信州』の純米吟醸、しかもタンクから汲んだばかりの原酒を飲んで世界観が一変してしまう。これは大信州の杜氏・下原多津栄《しもはらたづえ》の入魂の酒だった。本当にうまい酒と出会えた人は幸せだ。

「爺さまの酒を飲んでびっくりしました。あれはカルチャーショックだった……ふくらみ、香り、喉ごし、うまみのどれも白ワインの名品を凌駕していました」

下原杜氏は一九一七年生まれで、私が初めて蔵へおじゃましたときは八十六歳だった。この道一筋に七十年、信州小谷《おたり》杜氏の最長老だ。少し耳が遠くなったものの矍鑠《かくしゃく》としていて、今も現役を張っている。〇三年の鑑評会では『大信州』が一位、三位、四位と上位を独占した。

「何でも売れた時代にはずいぶん乱暴な酒をつくらされましたが、常務と部長に代替わりしてからは良い酒だけに専心をしております」

柔和そのもので、笑うと愛嬌さえ浮かぶ下原杜氏だが、酒づくりの話題になると厳しく真摯な言葉が続く。また彼が、郷杜氏と懇意にしていることもこの場で知った。

「酒づくりは気持ちと技の二つが揃わないといけません。どうも最近は、いい酒をつくりたい気はあっても技の伴わない蔵や曖昧な蔵、せっかく技はあるのに、気持ちが酒に沁みこんでいない蔵が多いような気がします」

下原の痛恨事は、かつての自分が増産増石体制の中に埋没してしまったことだ。

「私には、良い酒をつくるのが少し遅くなってしまったという後悔があります。先代の経営者の時代に、今のような酒をつくらねばならんと強く進言しておくべきでした。売れればいいという風潮に私も流されておったのです。日本酒離れは私たち酒づくりにかかわる者全員の責任です」

その悔恨があるからこそ、「老いた今も良い酒をつくるために邁進しておるのです」と彼は語った。

勝巳は、そんな下原の醸した酒に魅力を見出す一方で、熱心な酒販店が日本酒を応援してくれていることを知り再び感動する。

「会社員時代は酒販店というと得意先という感覚だったんですが、日本酒では〝仲間〟なんです。一緒に日本酒をもり立てよう、大信州が好きだから、納得しているからお客様に勧めるんだという方々ばかりでした」

現在、大信州は問屋を通さずに全国三百軒ほどの酒販店と直接取引をしている。いわゆる「限定流通」というマーケティング手法だ。各店とも、お客さんへのセールストークだけでなく、手製ＰＯＰやＰＲ紙を作るなど熱心だ。私が大信州を知ったのも、馴染みの酒屋さんから推奨されたからだ。この酒屋は川崎市高津区にある吉原酒店という。店主は七二年生まれと若いが、暇さえあれば蔵元を訪ね歩いている。興味深いのは、彼が家業を引き継ぐ際に酒を飲むのを止めたことだ。郷杜氏や下原杜氏も「大酒を飲んで舌が荒れると繊細な味が分からなくなる。だから普段は飲みません」と語っていた。酒に意地汚い私は大いに反省しなければいけない。

しかし日本全国の酒屋が全て万全の設備と知識を持ち合わせているかというと――そうはいかないことが、日本酒をめぐる構造的な問題点になっている。「吟醸酒や純米酒のために、せめて冷蔵庫は用意していただきたい」と勝巳は語る。日本酒はワイン以上にデリケートで、日光や蛍光灯の明かり、温度変化などで味が劣化してしまう。酒がまずくなってしまうのは酒販店の責任でもある。

しかも〇三年九月からは規制緩和が撤廃されてコンビニや雑貨店、ピザ宅配業者などの異業種が大量に酒販を扱うようになった。コンビニの冷蔵庫はすでに飲料水の類とビールで満杯になっている。そこに日本酒が割って入るのは、かなり難しい状況だ。おまけにコンビニのアルバイト店員に酒の知識を持てというのは大きな無理がある。龍勢や想天坊、大信州がこういう扱いの店に並ぶことはないだろうが……いみじくも勝巳は言う。

「ウチは全身全霊を込めて酒をつくっています。だからこそ酒販店さんにも一所懸命に売っていただきたい。わが子に等しい酒を嫁がせるのですから」

大信州では県下でも珍しく自家精米を行っている。「米の良し悪しを知るには精米から」という下原杜氏の方針によるものだ。ある年は最高級の美山錦を返品したこともあった。

杜氏は「うちはどの段階でも、とにかく手塩にかけて作業をしています。若い衆は皆、重労働の連続だから辟易しているかもしれません。私も何もかも昔通りがいいとは思いませんが、技を生かすのに一番いい方法を選択していくと、このやり方になってしまうんです」と語った。大信州では勝巳だけでなく二十代の若者たちが、杜氏の指導のもと酒づくりに取り組んでいる。勝巳は言った。

「まずいと信じ込んでいる人にこそ、ちゃんとした日本酒を飲んでほしい。そのためにはどうすればいいのか……飲んでうまいと思っていただければ必ず消費量に返ってくるはずなんです。何とか現状を打破したいですね」

「うまい酒」と「まずい酒」

松本の本社にいる専務の隆一と初めてコンタクトを取ったとき、彼の口調には警戒心と険が感じられた。隆一には、いきなりこう釘を刺された。

「うちの酒づくりは、特別なことなんて何もしていないんです。ただ、良い酒、うまい酒をつくるために必要なこと、まっとうなことをやっているだけです。他の蔵が真似をしようと思ったら、すぐにできるようなことばかりなんです」

彼は言い添えた。

「だから、あまり当社の酒づくりのことは話したくありません。仮に今は大信州に優位性があるとしても、そんなものあっという間に覆されてしまいます」

隆一とは、やがて取材を通してお互いを理解できるようになったが、このときは私も困惑してしまった。取材拒否ということなのだろうかと勘ぐりもした。

しかし私が感じた鼻白みの原因は、ひとえに酒づくりの知識に乏しい初学者だったことに尽きる。大信州を訪ねた後、いくつかの蔵を回ってみて、彼の言っていることが非常に大きな命題だということがわかってきた。確かに大信州で下原杜氏が取り組んでいる酒づくりは、いかにも実直で飾り気のないものだ。まっとうといえば、これほどまっとうな酒づくりはない。だがそれができていない、あるいは真似をする気もない蔵がどれだけ多いことか——大信州は他の蔵の追従を許さないほど基本に忠実で、かつ手間と時間、金をかけている。酒を醸すことに対する前向きで、ひたむきな想いがなければ、とてもこんなことはできまい。隆一が言った「誰にでもすぐ真似ができる」という言葉は、実に深いアイロニーを含んでいたのだ。隆一は酒をこんなふうに分類してくれた。

「売れる酒と売れない酒。高品質な良い酒と品質の低い悪い酒。それにお客さんの好みによる、うまい酒とまずい酒です」

確かにうまい、まずいは主観による判別法だ。だが彼の言う「良い酒と悪い酒」はその製造工程を知れば判別はつく。かつて大信州という酒は「悪い酒」のうえ、大多数の消費者にとって「まずい酒」だった。私と同年輩で信州大学に学んだ編集者がいる。彼は大信州の名を耳にした途端に「悪酔いしたことを今も覚えている」と顔をしかめたものだ。

隆一が経営を任されたとき真っ先に着手しなければいけなかったのは、大信州の「まずい酒」というイメージを払拭することだった。そのために原杜氏の腕を活かし、高品質の「良い酒」を醸すことに全力を注いだ。彼が目指したものは、奇しくも『龍勢』や『想天坊』をつくる現場で蔵元や杜氏が何度も口にした「酒づくりの本質」に他ならない。

隆一と勝巳の兄弟、さらには下原杜氏の三人に揃って会えたのは、大信州が懇意にしている酒販店、勝巳の言うところの「仲間たち」を対象に行っている「槽場《ふなば》詰め」だった。

酒づくりの最終段階が上槽で、槽場とは酒を搾る場をいう。槽とは酒槽のことで、かつてはこの箱の中に醪を詰めた酒袋を積み重ね、上から重い木板を置いて酒を搾った。近年では自動圧搾機が登場し主流になっているが、槽場の名は残っている。

集まった七十人ばかりの面々は搾ったばかりの、まだ澱がからんだままの原酒をタンクから柄杓で汲んで瓶詰めしていた。通常、搾った酒はタンクに一週間ほど貯蔵し、澱と原酒が分離する「澱下げ」を待って、加熱殺菌のための「火入れ」をしてから瓶詰めにする。酒蔵が槽場に酒販店を招くというのは、ありのままの酒を供することを意味する。酒づくりに自信を持っていなければ、こんな芸当はできない。隆一はこう言った。

「ウソもごまかしもない酒で勝負するわけですから、槽場詰めほど緊張することはありません。酒販店の皆さんに、こんな酒じゃ扱えないと言われたらお終いです。幸い、杜氏が今年もいい酒ができたと自信を持って言ってくれたので槽場詰めを実施しました」

それを受けて下原杜氏は、「私には何の取り得もありませんが、一日一日を達者で務めております。一日一日を大切にして酒づくりをやっております」と語る。勝巳は酒づくりに入って二か月の間に、頬と鼻下に髭を蓄えていた。「爺さまが元気なうちに何としても酒づくりの極意を習得しなければいけません。そういう意味では毎年が真剣勝負です」。大信州には十二人もの蔵人がいる。二千石の規模なら、半分ほどの人員で充分のはずだが、勝巳曰く、「それでも足りないくらいに、人の手を贅沢に使って醸しているんです」

そういえば、大信州では年間に四十種類以上の酒を世に問うている。この規模の蔵にしては異常ともいえるアイテム数の多さだ。タンクごとに違う酒として扱っているのだから念が入っている。そういう意味では非常にマニアックな商品戦略といえよう。しかし下原は事も無げに言う。

「酒は一回、一回の造りによって微妙に味が違ってくるんです。タンクだって北側と南側じゃ温度も湿度も微妙に醸す条件が異なるんですから、当然、味も影響を受けます」

私のようなものには、とてもその細微な味の差は判別できないが、大信州がとことん酒を極めようとしている姿勢は充分すぎるほど伝わってくる。

四倍の時間をかけた自家精米

この日、隆一は蔵を案内しながら、問わず語りで酒づくりへの情熱を示してくれた。

大信州では、原料選びと原料処理にことのほか精力を注ぐ。それは下原杜氏の「米とその処理で酒は半分以上決まってしまう」や「一蒸し、二に蒸し、三も蒸し」という強い想いによるものだ。隆一は胸を張った。

「米は美山錦やひとごこち、それに山田錦と高嶺錦を掛け合わせた金紋錦《きんもんにしき》などを使っていますが、栽培者の顔が分かる米を仕入れるようにしています。米作りにプライドを持っている農家と組んで酒をつくりたいからです」

農家の顔や心意気どころか、「ブドウと同じで昼夜の寒暖の差や日照時間で味が変わるんです。

だからどの田圃で取れた米かも知りたい」というから凄まじい。

大信州の酒づくりを象徴するのは自家用の精米機だ。普通は農協や精米所に頼むのだが、彼らはそれを善しとしない。精米所任せだと、どうしても精米歩合の誤差が生じるという声はいろんな蔵で聞いた。しかし大信州が自家精米に踏み切ったのは、それだけの理由ではなさそうだ。他人任せでは思うような精米ができないというのが、彼らには堪らないほど苦痛なのに違いない。

大信州では「精米中は摩擦熱が生じて、それが米質にかかわる」と通常の四倍近い時間をかけている。「米は背中と腹の贅肉を取らねばなりません」と言う下原の意見を入れつつ、米全体を同じ厚さで削って小さな球にする「原形精米」と、米の形にそって不要な部分を削る「扁平精米」の両方を、良い酒をつくるための実験の意味も含めて行っている。それに余計なことだが、精米機は決して安い買い物ではなかったはずだ。隆一は「ま、そういうことです。けど自家用精米をしないと酒づくりはスタートできないですから」と言ってのけた。彼は言葉を継いだ。

「酒をつくるプロセスはどの蔵もそれほど違いはないはずです。要は工程がきっちりとしているかどうか、その精度をどこまで上げられるかの問題なんです」

精米した米は、立派に敷ぶとんとして活用できそうなマットレスの上に置かれドンゴロスの布を上から掛けてあった。「米が風邪をひいたりしないよう」温度調節をするための処置だ。

しっかりと寝かした米は洗米、限定吸水と進んで蒸しに入る。昔ながらの甑をつかった蒸しだ。

「米の温度、釜場の室温など気を配ることはたくさんあります。しかし、そのひとつひとつをきっちりと仕上げなければ、いい酒はつくれません」と下原は断言する。大信州の酒は種別にかかわらず、すべて大吟醸クラスの最上級のつくりをしている。一番価格の安い普通酒も同じ工程を踏む。私が特に感じ入ったのは、どの作業でも蔵人の手はもちろん器や用具がこまごまとていねいに洗浄されることだ。清潔第一というのは当然なのだが、その徹底ぶりには頭が下がる。

下原の指示で勝巳をはじめ蔵人たちが、てきぱきと作業をこなす。現場での下原は威厳に満ちている。ひと仕事を終え、もとの好々爺に戻った彼は、しみじみとした口調になった。

「蔵でいちばん偉いのは私じゃなくて、酒です。全部の仕事は杜氏の思惑や都合ではなく、酒の都合と機嫌に合わせて行います。人間の都合に合わせて酒をつくっておっては、酒が臍を曲げて、いいように仕上がってくれません」

隆一も杜氏の言葉に頷く。彼が大信州に入ったのは九一年だ。父に代わっての経営だった。決して恵まれた状況での船出ではなかった。

「今や日本酒を取り巻く環境は、消費者の〝嫌い〟から〝関心がない〟にまで陥っています。でもごく一部ではありますが、日本酒にはまって、大好きになってくださる方もいらっしゃるんです。僕はそういう方々に向けて酒をつくっていきたいんです。大信州を限定流通にしたのも、そこに狙いがあります。だから良い酒、うまい酒をつくるしかないんです」

その根幹はやはり「本質」というところに行き着く。

「やっぱり、大信州の酒がまずい酒の代名詞のように言われているのが悔しかった。その無念は絶対に晴らしたい」

改革を実施するのに躊躇はなかった。

「〇二年に蔵を改造して、それまで七千石規模だった施設を二千石が上限にまで縮小しました。規模を縮小したのは、その分だけ品質を何倍も伸ばしていくつもりだからです。現実に今の大信州のようなつくりをしていたら、二千石が精一杯です。あと五百石多くつくれと言ったら、冗談じゃなく精神的な重圧と過労で死人が出るでしょうね。それに七千、八千石くらいの規模になってしまったら、どうしても数を捌かないと蔵の経営が成り立たない。パック酒のように、うまさよりも値段で勝負する酒が販売のメインになってしまう」

こう述べた後で隆一は、「いまパック酒がまずいと言ってしまいましたが、メーカーはそんなことを認めるわけがないでしょうね。でも大信州では、ああいう大量生産の酒は醸さないし醸せない。出す気もありません」と苦笑した。

大信州にとっては、下原杜氏が高齢ということもあり、その技と想いを伝承していくことも大きな課題になっている。兄はその大事な役目を弟に委ね「酒は人がつくる。人格も技術も大いに磨いてほしい」とエールを送る。当の勝巳は後継者としての責任を語った。

「爺さまと同じ酒を醸すことはできなくても、爺さまの目指す酒を理解し、爺さまに近づくことはできると思います。そこに僕を含め若い蔵人たちの創意工夫が入ってくれれば、下原杜氏が築いた大信州の酒づくりは揺るぎないはずです」

大信州も決して経営が安泰というわけではない。藤井のところと同様に、先代の負の遺産も残っているという。まして増石増産を目指さないという明確なポリシーもある。だが田中兄弟や下原杜氏を支える社員にまで、良い酒を一途につくり続けたいという情熱は伝わっているのだろうか。ひょっとしたら無理を強いているのではないか。社員たちから、「自己満足はいい加減にしてほしい。増産して給料をアップしろ」と突き上げられたことはないのだろうか。この点を尋ねると、隆一は噛みしめるようにして答えた。

「社員は蔵人を除いて十四人います。彼らには大信州の生き方というか、信念を理解していただいている自信はあります……だけど給料も上がらないような会社で社員が黙って働くわけがありません。多少なりとも、そういう面では右上がりにしないと、会社として未熟ということになってしまいます。その点は経営者としての僕の大きな課題ですね」

『龍勢』や『想天坊』『大信州』に限らず、最近は蔵元も代替わりが進んで三十代、四十代が酒をつくり、販売するようになってきた。彼らの仕事ぶり、その意を汲んだ杜氏たちの熱意を知るにつけ頭が下がる。「現在の酒は、日本酒の歴史の中で最高品質」と彼らは異口同音に語る。だがそうした事実は消費者まで伝わっているとは思い難い。依然として光明の糸口が見えてこないのが現実であり、それが歯痒い。

良心的な酒蔵を見れば、酒を醸すには大変な手間がかかることが分かる。だが酒づくりの現場では、より簡便で安易な手法に走る手合いも多い。藤井兄弟や河内、田中兄弟たちが「あんな酒づくりはまがい物」と怒りをあらわにしても、そんな酒のほうが良心的な酒よりたくさん流通してしまっている。また、この業界には「諸悪の根源は大メーカー」と息巻く者もいるが、それはあまりに安易に過ぎよう。地酒であっても誤謬を犯している蔵は少なくない。

ともかく、酒を呑む立場から言わせてもらえば、うまい酒や良い酒との出会いほど難しいことはない。泥田の中で玉を捜しているようなものだ。偶然に近い確率でしか銘酒と呼ぶべきものに出会えないという、厳然とした現実がある。美田を荒らしてしまった元凶のひとつに、呑み手も加えるべきだという反省を込めつつ私は思う——だからこそ、全身全霊を込めて、良い酒、うまい酒をつくる蔵を応援したい。そうしなければ遠からず日本酒は滅びてしまう。

第二章

大メーカーという存在

大メーカーの酒の「品質」

胡粉を塗りつめたような白壁と、銀鼠に鈍く光る瓦屋根のコントラストが鮮やかだ。黒塀はところどころ墨が薄くなって木肌が透けているものの、それもまた情緒の演出にひと役かっている。酒蔵の続く町を、ガイドに先導された団体客がぞろぞろと行く。その長い列を観光バスが何台も追い越していった。

京都・伏見は今も区画や濠川などに豊臣秀吉が城を築いたときの風情が残る。この辺りは近年、「新・京都百景」に選出された。寺田屋や伏見桃山城、少し足を伸ばせば伏見稲荷と名所が多いが、やはりその中核は昔日を偲ばせる造り酒屋だ。月桂冠大倉記念館や黄桜カッパカントリーといった大メーカーの施設に多くの観光客が呑み込まれていく。

皮肉なことだが、物見遊山で酒蔵を訪れる大勢の人波は、日本酒の現場が抱える苦悩とは遊離している。日本酒低迷のあおりは地方の蔵だけでなく、伏見の大手メーカーにも確実に押し寄せているからだ。

「伏見は日本を代表する酒どころとはいえ、現実に酒をつくっているのは三十社です。あれを見てください」

時代劇のロケにも使われるという、月桂冠創業者の山倉家本宅前で、広報室長の村上月雄《つきお》が指さした。その先にはマンションが立ち並んでいる。

「全部、もとは酒蔵やったんです。日本酒不況でにっちもさっちもいかんようになった酒造会社が売り払うてしもたんです」

最初に訪れた月桂冠の工場「大手蔵」は、観光名所から車で五分ほど離れたところにある。昔ながらの酒蔵ではなく、コンクリートの建物が並ぶ現代のプラントだ。

月桂冠は現在、業界第二位だが、六〇年代から〇二年までは灘の居並ぶメーカーをおさえて長らく業界トップの位置にあった。

だが問題は一企業の動向だけではすまない。日本酒全体の消費量自体が一向に下げ止まらないうえ、ここ数年はアルコール全体の消費量もほぼ横ばいで推移している。今後とも十八歳人口の低下が続くから、情況はますます暗い。村上に、日本酒メーカーで首位に立った、二位に甘んじたと騒いでも唇が寒いだけですよね、と水を向けてみたら、彼は深く頷いた。

「日本酒の落ち込みは業界全体の課題ですからね。当社も善後策を検討しているんですが、なかなか妙手が打てないでいます。しかし私たちには、業界を牽引していくという大使命があります。それをなしえてこそ、大メーカーというべきです」

私はそれまで地方蔵を巡ってきた。日頃は地酒を飲んでいる。いや、これまで大メーカーの酒を飲むことを意識的に避けてきた。それは、取材を始める前に読んだ日本酒関連の書籍や資料に記されていた、大メーカー罪悪論を鵜呑みにしていたからだ。そういった書物のほとんどが、日本酒堕落の元凶として大メーカーとその普通酒、特にパック酒をあげ、地酒メーカーの大吟醸酒、純米酒を礼賛してやまない。

曰く――「水だけでなく、工業生産のアルコールや糖類、酸味料、化学調味料などで三倍に薄めた三倍増醸酒をつくり全国に伝播した」「製造、製法面で手づくりを排しオートメーション、省力化を推し進めている」「現在もアルコールを添加し、薄めた悪酒をつくりつづけている」「桶買い、つまり自社製造ではない他社の酒を買い取りブレンドして販売している」「金儲け主義」……などなど。「純米酒以外は日本酒と呼べない。大手のつくる酒は言語道断」という純米酒原理主義者もいる。

私も、手づくりの部分には心が大きく動いた。米に麹と酵母、水といった自然の恵みに、杜氏の腕が加わりそれぞれの要素が複雑に作用し、最後は酒の神の微笑みがあってこそ名酒を醸せる――この神秘性には現在も強く惹かれている。

しかし、いくつかの地方蔵を回っているうちに、名人といわれたベテラン杜氏たちから、「つくればいくらでも売れた六〇年代、七〇年代に、私たちはどうでもいいような酒ばかりつくってきた」「大メーカーが開発した技術のおかげで酒の品質は大幅に向上した」という話を聞き、大メーカー元凶論に少し疑問を感じるようになった。さらに、いろんなところへ顔を突っ込んでいるうち、やれ大吟醸で勝負する、鑑評会で金賞をとった、山廃だと騒いでいる地方蔵でも口ほどに実力が伴わず、看板倒れのロクでもない酒をつくっているところが存在することを知った。

新潟にある酒問屋の社長は証言してくれた。

「九〇年代に入るまで、ほとんどの地酒メーカーがまずい酒をつくっていたのは間違いのない事実なんです。大メーカーの酒のほうが品質的によっぽど充実していました。それをいまさら、日本酒離れの責任が大メーカーにあるなんてよく言えたもんですよ」

地方蔵が現在の、手づくり路線にシフトチェンジを始めたきっかけは、八〇年代半ばに巻き起こった『越乃寒梅』や『八海山』に代表される地酒ブームだった。

「『越乃寒梅』や『八海山』といった蔵の、当時の社長や杜氏さんをよく知っていますが、本当に酒づくりに命を懸けてらっしゃいましたね。儲けなんて度外視。とにかく良い酒を醸したいという生粋の職人、日本酒の魔力に魅入られてしまった人たちですよ。だから私には狂気すら感じられました。彼らのおかげで、大メーカーの酒づくりとは違う方法論が日の目を見たんです。それまで大メーカーとの差別化すら考えることのなかった地酒メーカーが、やっと自分たちの生きる道に行き当たったんです。この流れが『久保田』や『上善如水』のような端麗辛口の地酒ブームに発展し、次いで吟醸酒ブーム、さらに今の『十四代』や『飛露喜』といった銘酒の人気に繋がっています」

酒文化研究所の狩野《かの》卓也《たくや》社長は、大メーカーと地酒の論争を「哲学や主義の問題」と斬る。

「ものづくりに対するポリシーの差は、大メーカー、地酒とも互いに絶対譲れないでしょう。これは消費者の個々人がどちらの価値観に与《くみ》するかの問題にもなります。ただ大メーカーの酒がまずいという風評には大きな疑問を感じますね」

大メーカーの安価な酒といえばパック酒が代表的だ。スーパーの特売日には二リットルで一〇〇〇円を切るものもある。地酒の取材を続けていて、およそこの種の酒に関する賛辞は聞いたことがない。狩野はその点を踏まえて言った。

「仮に地酒の純米大吟醸を九十五点の酒としたら、パック酒の点数は到底かないません。だけどパック酒が合格ラインを突破しているのも事実なんです。六十点がそのラインなら、大メーカーの酒は七十点つけていいいと思います。みんなが呑んでみて、まずくて仕方がないというような酒ではないんです。まずい酒が売れるわけがないんですから」

大手と地方蔵では経済的な基盤が雲泥の差ほどあることも大きい。それは設備投資の面で特に明白だ。狩野は、「大量につくれる施設があるから単価も安くなるわけです。そのための製法の工夫も必要だった。地方メーカーでパック酒のような商品はつくれません」と明言した。

うまい酒、優秀な酒はもちろん、自分の好みの酒との出会いには至福を感じる。だから私は大メーカーが云々とか、地方メーカーがどうしたということよりも、それぞれがどんな姿勢で酒をつくっているかということのほうが重要だと考えるようになった——何より、大メーカーも小さな蔵も巻き込んで業界全体が沈滞している事実ほど重いものはない。

手づくりと機械化の狭間で

ひと口、その酒を含んでみて、程よい香りと屈託のない味わいに驚いた。いや正直いえば、どうしようと困惑してしまった。

唎き猪口に注がれているのが、まずいはずの大メーカーの普通酒、アンチ派が憤慨するところの「アルコールを添加して薄めた、けしからん酒」だったからだ。予想以上の味わいでした、と正直に話したところ、月桂冠の醸造部マイスター初山雅司《はつやままさし》はニコリともしなかった。

「そう言っていただくのはありがたいですけれど、これは搾りたてですからね。まだまだ酒が若すぎます。火入れし、瓶詰めして寝かせるという、お客様に届くときと同じ状態で、是非飲んでください。もっとまろやかで奥の深い酒になっているはずです」

ちなみに月桂冠では、七八年から三倍増醸酒の生産を打ち切り、最も安価な酒にも一切混入していないという。

「他のメーカーにも働きかけたんですが、全部が全部、賛同してくださる会社ばかりというわけにもいかないのが残念なところです」

月桂冠が日本酒業界に残した足跡は大きい。まず、防腐剤として使用されていたサルチル酸を最初に撤廃したのがこの会社だ。日本酒の歴史は腐敗との戦いの連続だったから、防腐剤の添加は仕方のないものと解釈されていた。だがサルチル酸は人体に有害という声があって、月桂冠は一九一一（明治四十四）年に防腐剤なしの製品を立ち上げた。業界全体がサルチル酸の使用を中止したのは、実に六十年近くも後の六九年のことだった。これに関連し、完全殺菌の目的から従来の木製四斗樽を廃して、ガラス製の瓶詰めに切り替えることにも先鞭をつけている。

六一年からは「四季醸造」を開始した。いわゆる寒づくりではなく、年間を通して酒を醸すようになったわけだ。同じ穀物の酒でありながら、日本酒と違って季節を問わず製造されるビールに刺激されたことが大きいし、酒の需要が拡大していたという時代背景もある。それは手づくりだけに頼っていた従来のやり方を脱するきっかけともなった。大メーカーがこぞって採用している機械化、大量生産、杜氏主体から技師という社員先導の酒づくりは月桂冠から始まった。村上はこう説明した。

「高度経済成長で杜氏や蔵人の確保が難しい情況になり、まずは手づくりでもっとも労働のきつい、蒸し米、麹づくり、醪しぼりの三つの工程を機械化することにし、それぞれオリジナルの機械を開発したんです」

月桂冠が開発した醸造法に「融米造り《ゆうまい》」がある。仕込水とともに白米をミキサーで細かく磨砕し、乳白状の液にするので一般的には「液化仕込み」ともいわれているが、融米造りの名は月桂冠の登録商標だ。米を液化したと聞いて、重湯のようなものを想像していたのだが、案に反して白酒のような液体だった。香りは米そのものながら、飲むとほのかに甘い。この液に耐熱性の液化型アミラーゼという酵素を加え、百度前後の高温まで瞬時に蒸気で熱し、十分ほどで白米のデンプンを液化した後に冷却し、麹や酒母を加えて発酵タンクへ仕込む。

融米造りは、原料米をほとんど無駄なく使えるので、大量生産、コスト削減に大いに役立つ。他の大メーカーだけでなく、一部の地方蔵も取り入れた。他社の「姫飯《ひめいい》造り」や、『松竹梅《しょうちくばい》』のように三百度近い熱風を吹き付ける「焙炒《ばいしょう》造り」も液化仕込みの枠に組み入れられている。液化仕込みは、「手抜き」「もはや日本酒とは呼べない」など悪評も高い製法だ。その点を質すと、初山は生真面目な表情で答えた。

「月桂冠の場合、原料米だけでなく精米から洗米、浸漬といった作業も従来どおりの手法でつくっています。磨砕から仕込みまでの操作は連続的に行いますが、白米を液状にするだけで、その他の操作は従来の蒸し米による仕込みと全く同じです。月桂冠の方式に追随してつくられた他社の方式については断言できませんが、少なくとも融米造りは伝統的酒づくり法に忠実な方法といえます」

この月桂冠の主張を受け入れるか否かは日本酒ファンの間でも議論のあるところだ。私としては「伝統的な酒づくり法」という主張には承服しかねるところがある。読者の判断はいかがだろうか。『龍勢』や『想天坊』『大信州』の例を出すまでもなく、酒づくりは非常にデリケートで、杜氏は自分の感覚と官能、知識と経験を総動員している。それでもなお、納得のいく酒ができないと不満げなのだ。機械化と手づくりの間の溝は埋められるのだろうか――これは大メーカーと地方蔵という構造だけでなく、酒のあり方を問う大きなテーマだ。酒文化研究所の狩野が指摘した「大メーカーと地酒蔵の哲学の差」も思い出される。初山は月桂冠の酒づくりという視点から続けた。

「杜氏の個性が酒づくりに大きな役割を果たすのは間違いのないことです。同じ流派、同じ親父さんについた杜氏でも、できる酒の味は異なりますからね。しかしこの点が、四季醸造、機械化以前の酒のデメリットでもあったわけです。私たちは毎年、高いレベルでありながら均質の酒をお客様に提供する義務を負っています。去年の酒はうまかったが、今年はどうも……では許されないんです」

機械化導入にあたっては技師と杜氏の間で激しいやりとりがあった。その反目や確執が酒造機械に取り入れられ、今日に結びついていると初山は強調する。

「酒が生き物だという認識は今も昔もまったくかわりません。コンピューターのプログラミングには、杜氏の意見が最大限に生かされていますし、今も米の品定め、買い付けに始まり、各過程の出来は私たち技師の官能で判断しています。機械任せで酒をつくっているのではなく、私たちが機械をつかって酒を醸しているのです」

彼は仕込み二週間目に入ったというタンクの蓋を開けて見せてくれた。白濁した液体の表面には、ぶつぶつと泡がたっている。鼻に薫るのは、まぎれもなく日本酒を醸す香りだ。

「醪の泡、きれいだと思いませんか。私はこの泡の色が大好きなんです」

こう語る彼の後ろには二十三トンクラスの大容量のタンクが二百四十四本も居並ぶ。この場所のみならず全ての工程で、私は機械を仰ぎ見た。そうしなければいけないほど巨大な設備なのだ。

しかもコンピューターで管理されていることもあって、人の気配がほとんどない。ここは地方の小さな蔵とはまったく異質の空間だ。工場のスケールや機械化の具合は、ビールやウイスキー工場の印象に近い。

そういえば、私たちはビールやウイスキーに関しては、機械化されていることにさほど嫌悪を感じない。しかし日本酒は別だ。やはりつくり手の顔や意思、息吹きを求めてしまう。そこに日本人と日本酒が切り結んだ関係の深さが隠されている——改めてこの事実を確認しながら工場を後にした。同時に人影もまばらな構内で見た、滝のように流れ込む仕込み水や、回転しながら洗浄される大量の米、出来上がった酒が何千本という瓶に注がれる様子……その全てが清澄で楚々としていたこと、機械化からイメージされる大雑把さではなく、むしろ繊細さを感じたことに驚きを覚えたのだった。

工場の一画には大倉総合研究所がある。

川戸《かわと》章嗣《あきつぐ》所長と話していると、この京都大学を出た技術者が、極めて高品質な「工業製品としての酒」の完成を第一義に置きながらも、発酵や麹づくりの部分における人間の感性の在り方にも大きなウエイトを置いていることがよく分かった。

「杜氏の腕とは、微生物をどう動かすかということに尽きるんやないでしょうか。この感性を均質化し商品に反映していくのが、私たちの仕事なんです」

月桂冠では現在も越前、丹波、但馬、広島、山内《さんない》（秋田）、南部の六流派の杜氏を招いて技を競わせている。彼らの「感性」を理論化し、工業化することが川戸所長の大きなテーマだ。

月桂冠が招聘した杜氏たちの酒は全国新酒鑑評会に出展されている。この会は、独立行政法人の酒類総合研究所が毎年五月に開催している。全国規模としては唯一の日本酒鑑評会で、各地の蔵がこぞって大吟醸酒を携えて参加する。もっとも、鑑評会で香りの強い酒が好まれる傾向が長く続いているせいで、市場にも上立香のきつい酒が氾濫するようになってしまった。この会が日本酒の技術革新や切磋琢磨に寄与した面は大きな功績だが、辟易するような香りがする酒の氾濫を招いたことは罪の部分というべきだろう。月桂冠が、一九一一（明治四十四）年の第一回の鑑評会で金賞を受けて以来、連綿と優秀な成績を上げ続けていることは意外と知られていない。金賞の栄誉は地酒メーカーの専売特許ではない、というわけだ。

「しかし月桂冠が鑑評会のためだけに杜氏を雇っていると勘違いされるのは心外です。いわゆる四季醸造、機械化を導入した蔵の酒も、ちゃんと鑑評会で金賞を受けているんです。マーケットに手づくりに対する強い要望があることは明白ですが、酒が嗜好品である以上は、その味と品質で選んでいただきたいと思います。技術はどんどん感性に近づきつつあるんです。超一流の技術者がつくれば、超一流の感性に負けない酒が醸せます」

川戸は何度も「酒が優れた工業製品であってていけない理由はない」と繰り返した。もっとも彼はこう付け加えるのを忘れなかった。

「質、量ともに日本一を目指すのは企業として当然です。しかし当社が業界を牽引しているような錯覚に陥る愚は犯さぬように心がけています。自尊心だけが高くても、いい酒は醸せませんからね」

改革と創造の連続だった日本酒

月桂冠で出会った人物で決して忘れられないのが、大倉記念館名誉館長の栗山一秀《かずひで》だ。栗山は一九二六年に京都で生まれ、京都大学の農芸化学科を卒業して月桂冠に入社した。主に醸造の現場を歩き最後は副社長を務めた人物で、「新しい酒造技術の展開」を模索する一方、自らを「酒文化の語り部」と任じている。

栗山はあと数年で八十歳というのに矍鑠そのものだ。酒の話を始めたら、もう止まらない。張りのある高めの声で、身振り手振りを交えて速射砲のように語り続ける。ある冬の午後、それも早い時間に彼と会ったのだが、別れたときにはとっぷりと日が暮れていた。

「私は月桂冠の人間やけど、その前に日本酒の技師でありたいんです。ええ酒をつくって消費者に問いたい。この気持ちはずうっと変わったことおへん」

京言葉を交えながら栗山は話す。

「地酒の台頭、大いに結構。ほんに、ええことです。しかるに地方メーカーの奮戦を受けて、伏見の大メーカーは何をせなあかんか。大企業は何を求められているのか。どうも日本酒業界は大きな枠組みの中で競い合うんやのうて、細かいとこ、瑣末へ些少へと走っている気がしてなりまへんのや。早い話が、大吟醸やパック酒やなんて次元で論争してもあかんのです」

業界は努力不足だ、と栗山は断言した。

「私は龍谷大学で講師をしているんですが、今の大学生は日本酒、ワインを問わずアルコールを飲まへんのです。私たちが考えている以上に若者は異邦人、いや異星人なんです。バックグランドの文化が違てしもてる。そうなったら、日本酒も攻め手を変えるしかないんと違いますか」

栗山は「余談ですが」と言いながら、こう回顧した。

「私らの時代は嗜好品や娯楽が少なかったから、酒の持つステイタスが違いました。それは憧れにも繫がっていました。私らが大学の実験室でしょっちゅう合成酒をつくってたのは、酒を酌み交わす楽しみ、喜びに飢えてたからやという気がしますな。月桂冠に入ってほんまもんの酒を呑んだとき、舌が感動で痺れました。よっしゃ、もっとうまい酒をつくったろって思いましたもん」

月桂冠でも若者や女性市場を意識した酒をつくっている。低アルコールの大吟醸で小洒落たボトルの『awai（間）』や〝スパークリング清酒〟と銘打った『Zipang』、大吟醸、吟醸、純米酒などを一合に満たない一三五ミリリットル瓶に入れた『プチムーン』シリーズなどがそれだ。プチムーンには梅、すだち、花梨などを加えた酒リキュールもラインナップされている。月桂冠では消費者価値をコンテンポラリー、スタンダード、ステイタス、トラディションに分けた。

これらの酒は「気軽、自由、個性」を志向する「CASUAL　SAKE」に組み入れてある。

だが客観的にみると、残念ながらどれも成功したとは言い難い。個人的な意見を言わせてもらえば、こういった商品を呑んでみようという気が起こらない。特に私のような典型的な酒呑みには、「好ましい日本酒」の定義が出来上がってしまっている。百歩下がって〝カジュアル〟な気分を鼓舞して眺めてみても……やはり食指は動かない。申し訳ないけれど、日本酒のまがい物、小手先だけでいじったという印象が拭い切れないのだ。

しかし、それは製品をつくっている月桂冠も同じ想いではないだろうか。「CASUAL　SAKE」と横文字で奇を衒《てら》い、意趣を尽くしたつもりでも、どこかで日本酒を捨てきれない部分、日本酒を引きずっているところが見え隠れする。あるいは例によって、広告代理店やマーケティング会社の安直な入れ知恵にまんまと引っかかってしまったのか。

こういう戦略を取るのなら、いっそのこと日本酒という既成概念をすべてひっくり返し、まったく別発想で酒をつくることが肝要だろう。実際に呑んでみると、低アルコール酒にしてもスパークリングに身をやつそうとも日本酒の風味が漂っている。日本酒の本道がある以上、これらの酒は脇道でしかない。そういった雰囲気を、今の若者たちは敏感に嗅ぎ取るはずだ。

だからこそ、米と麹、酵母から従来の発想では考えられなかったような酒を、一から醸す――こんな冒険は資金力と技術力のある大メーカーにしかできない。開発スタッフもいっそのことターゲットと同じ年代の者にすればいい。味や香りは「若者嗜好」を徹底すべきだ。瓶という概念を捨てカンやペットボトルはどうだろう。アルコール度数は『ａｗａｉ』の十二度どころか、ビール並みに落としてもよいのではないか。コマーシャルだって重要になる。ひょっとしたら、別会社を作って日本酒メーカーがつくった酒でないことを知らせることも必要になってくるやもしれぬ。従来の概念とは別の新たな米の酒が出現するとしたら、私も素直な気持ちで試してみたい。

こんな私の意見に耳を傾けながら、栗山は腕を組んだ。

「いろんな若者向けの商品の、努力の効果が上がっていないのは事実です。しかし手を拱《こまぬ》いていてはいかん。時代は常に流れておるんですからな。しかも目先のことより長いスパンで施策をどんどん打つことやと思います。あかんかったら、とっとと退却して、また次の手を打てばええ。ただこのチャレンジは月桂冠一社では大きな流れにならん。他社さんも一緒になってついてきてほしいもんですし、監督官庁の応援も大いに期待したいところです」

彼は日本酒の歴史を「改革と創造の連続だった」と表現する。だからいまこそ、その精神を発揮しなければいけない、と声を大にした。

「最近、山田錦でないとええ酒がつくれんという話を聞くんですけど、そういう課題を克服するんが技術の力なんです。それに液化仕込みのような革新的なやり方であれ、地酒のような昔ながらの方法論であれ、製法というのはつくり手の問題です。消費者にとっては製法よりもっとシビアなこと、うまいかまずいかのほうが大事なことです」

話は古来の日本酒製造の流れにまで及んだ。

「日本酒の起源は、かれこれ二千数百年前にまで遡ります。しかし平安時代に編まれた『延喜《えんぎ》式《しき》』をひも解いてみたら、米だけやのうて粟や麦でも酒を醸そうとしてたことが分かる。当然、果実でのトライもあったでしょうな。米の酒イコール日本酒に落ち着くまで、いろんな穀物による実験や試行錯誤があったわけです」

確かに酒づくりは日本古来の代表的な文化だが、昔からの製法を漫然と受け継いできたわけではない。酒が米から醸されるようになったのは、稲作文化が定着してからのことになる。「醸す」の語源が「口で噛む」ことに由来することは、酒づくりが巫女の役だったことと併せて有名だ。当初は唾液に含まれるジアスターゼの働きで米を糖化させ、空気中の野生酵母で発酵させていた。

「最初の酒は練ったような粘度の高いものやったようです。出雲や博多には練り酒があるけど、それに近いもんです。皇室の新嘗祭《にいなめさい》では新米と、これを使って醸造した白酒《しろき》と黒酒《くろき》と呼ばれる酒が供えられますが、白酒は白濁した酒で、黒酒は白酒に久佐木という植物を蒸し焼きにして炭化させ粉末にした灰を加えた黒灰色の酒です。わざわざ色をつけたんは、ごく初期の稲が黒っぽい米やったからで、その頃に醸した酒を再現しようとしてるんでしょうね」

奈良時代には、中国で開発された麴による酒造法が百済人の須須許里《すすこり》によって伝播する。やがて造酒司《さけのつかさ》という役所が酒づくりの拠点になった。平安時代になると寺院で醸された「僧坊酒」の評価が高まる。中でも奈良の寺院がつくった「南都《なんと》諸白《もろはく》」と呼ばれた酒は、鎌倉から室町時代に至って銘酒の名をほしいままにする。諸白という手法は麴と掛け米の両方に精白米を用いた。これは現在の酒づくりの礎にもなっている。南北朝末期から室町初期に書かれた『御酒之日記《ごしゆのにつき》』には、麴と蒸し米、水を一度ではなく二回にする段仕込みや乳酸菌発酵技術、木炭の濾過についての記載が見られるから、ほぼ酒づくりの基礎は室町時代に完成していたと見てよい。

「この頃、京都でも洛中で酒をつくり始めます。柳屋や梅屋といった大手の造り酒屋が出てくるんです。最盛期には三百四十七軒の酒屋が洛中にあったそうです。月桂冠が洛外の伏見で酒をつくるようになったんは、寛永十四年といいますから一六三七年のことになります。最初は笠置屋という屋号でした」

当時は新酒、間酒、寒前酒、寒酒、春酒と年に五回、ほぼ通年で酒を醸していた。

「ところが江戸幕府は米を大量に消費する酒づくりを規制してしまいよった。寒酒以外の酒づくりをご法度にしてしまうんです。農閑期の農民が出稼ぎの手段として杜氏を選び、技能集団を形成したんもこれがきっかけです。それまでは春夏秋冬と季節ごとに異なる技法をもって、いつでも搾りたての酒が呑めた。せやのに幕府の政策によって素晴らしい酒づくりの文化が消えてしまうんです。私はこれが残念で仕方ない」

栗山は、自分が四季醸造を現代に復活させようと精魂を傾けたのは、「このときの恨みが残ってるからです」と豪快に笑い飛ばした。

「明治になってビール産業が輸入されたとき、日本酒業者はみな揃って慌てたんです。何しろ相手は真夏も酒をつくる四季醸造ですからね。明治三十年代にはいろんな酒造家たちが、チャレンジスピリットを発揮して四季醸造に挑むんですが、ことごとく失敗してしまいます」

やがて月桂冠が四季醸造に成功する経緯は重複するので省く。だが、いかにも栗山らしいエピソードをひとつ記したい。

「昭和二十五年に月桂冠に技師として入社したものの、当時は杜氏が酒づくりを全部仕切っていて、私が技術革新の話をしてもまったく耳を貸してくれません」

月桂冠のような大規模な蔵では、複数の杜氏がいて、それぞれ製法や麴の違うやり方で酒をつくっていた。

「これでは安定した品質の酒なんて醸せるわけがありません」

そこで彼は、杜氏に黙って勝手に自分が開発した酵母を使用したのだった。

「そらもう杜氏は怒って帰ると言いよるし、えらい騒ぎになってしまいました。けど二十日ほど経ってみたら、杜氏は黙ってしまいよった。醪を搾ってみたら思いのほかええ酒ができてたんです。そうしたら、あれほど頑固だった杜氏が、これから私の酵母を使ってくれるようになったんです」

この話は後日譚もあって、月桂冠は栗山の麴を伏見の酒質向上のため他の蔵にも分けたそうだ。

「あの事件のおかげで技師と杜氏の仲が急速に親しくなりました。杜氏が連綿と受け継いできた経験と勘を、科学の力で演繹して新しい酒づくりに役立てるようになったわけです」

業界の長老として、四季醸造の復活者として、科学の力をもって「優れた工業製品としての酒」をつくった先駆者として——最後に栗山はこう締めくくった。

「昔の酒はよかったなんて、そんなことはノスタルジーでしかありません。日本酒づくりの歴史を俯瞰したら、現在はうまい酒をつくる技術が最高点に達しています。今ほどうまい酒を呑める時代はないんです。しかし日本酒はいつの時代でも、その時どきの嗜好にマッチした酒をつくらないかん。これが酒づくりに関わる者の使命でもあります。残念ながら今の酒はうまいことは間違いないのに、呑んでいただけない……これを打破するには、さらにつくり手が創造性をかきたてるしかありません」

廉価な普通酒の愛飲者たち

灘は古くから日本一の酒どころを自負している。事実、現在も『白鶴』『大関』『日本盛《にほんさかり》』『菊正宗《きくまさむね》』『白鹿《はくしか》』『沢の鶴《さわつる》』『剣菱《けんびし》』といった大メーカーをはじめ四十社がひしめいている。

灘五郷とは今津、西宮、東、中、西をいい、現在の西宮市から神戸市までの東西約十二キロメートルの地域を指す。灘の酒は寛永年間に西宮で醸造が始まって以来の伝統をもっている。

灘の名を知らしめたのはなんといっても「宮水《みやみず》」の存在だ。一八四〇（天保十一）年に、山邑《やまむら》太左衛門《たざえもん》という蔵元が、仕込み水の違いによって酒質に大きな変化が生まれることを突き止めた。彼が発見した「最高の仕込み水」は六甲連山を源泉とする法安寺、札場、戎の三つの伏流水が合流する一帯、西宮の水だった。西宮の水はいつしか宮水と呼ばれるようになる。

郵 便 は が き

料金受取人払

代々木局承認

5201

差出有効期間
2006年3月
31日まで

1 5 1 8 7 9 0

2 4 1

（受取人）

東京都渋谷区
千駄ヶ谷二―三三―八

草思社編集部 行

フリガナ		生年 19□□年	
氏　名		男・女	歳
住　所	〒　都道府県　区市郡		
職業または学校名			
購入書店名（所在地）		購入日	月　日

書名《うまい日本酒はどこにある？》1347　　愛読者カード

本書についてご感想をおきかせください.

お読みになりたい企画がありましたらおきかせください。

本書購入の動機〔○で囲んでください〕
A　新聞・雑誌の広告で（紙・誌名　　　　　　　　　　　　　　）
B　新聞・雑誌の書評で（紙・誌名　　　　　　　　　　　　　　）
C　書店店頭で　　D　人にすすめられて　　E　出版ダイジェストで
F　インターネットで（サイト名　　　　　　）G　その他（　　　　　）

購読されている新聞、雑誌名
新　聞（　　　　　　　　　　）　月刊誌（　　　　　　　　　　）
週刊誌（　　　　　　　　　　）

このハガキの差し出し　　回目（2回目以上の方 住所変更 あり・なし）

小社の総合図書目録、「草思」（PR誌）の見本、小社の新刊案内を掲載した「出版ダイジェスト特集号」（年1～2回発行）をお送りいたします。
ご希望のものに○をつけて下さい。〔総合目録・「草思」・出版ダイジェスト〕

宮水は酒づくりに適したミネラル分を豊富に含有した硬水だ。鉄分が極端に少ないので酒に色がつかない、発酵力が強く良質の醪ができるなどの利点があり、辛口で足腰のしっかりした酒を醸すことができる。そのうえ熟成に向くのでますます酒にコクと丸みが増す。

一方の伏見の水は軟水で、ミネラル分がさほど多くない分、おだやかな発酵力のため甘口の酒ができる。灘の酒は現在も辛口がセールスポイントで「男酒《おとこざけ》」とよばれており、伏見の「女酒《おんなざけ》」と好対照を見せている。

灘酒を全国区に押し上げたのは江戸時代の樽廻船だった。上方の酒は船に乗せられ、「下り酒」として江戸で絶大な人気を誇った。同時期の大量輸送手段だった菱垣廻船が、江戸まで二十日近くかかったのに、樽廻船は五日ほどで到着したというから、灘の蔵元たちはクイックデリバリーの価値を当時から知っていたのだろう。

私は灘の大メーカー白鶴を訪ねた。白鶴は〇二年に、長らくシェア王者に君臨していた月桂冠を抜いて業界トップとなった。

阪神電鉄の住吉駅から海に向かって七、八分ほど歩くと、阪神高速の高架の向こうに白鶴の大看板が見える。工業地帯の真ん中だけに、大型トラックが絶え間なく行き来するものの、コンクリート塀に沿って歩いていると米を蒸し、酒を醸す匂いが漂う。「優れた工業製品としての酒」という言葉が浮かぶ。白鶴本社のすぐ近くには、これも灘の大メーカーとして名高い菊正宗がある。

「私たち技術陣にとっては、いかに再現性の高い酒をつくるかが最大の課題です。大吟醸だ、純米だと声高に言う方もいますが、酒をつくる方法は結果でしかありません。商品を通じて、消費者にどれだけのメリットを提供できるかが大事なんです。おいしいうえに、値段がリーズナブルなことが大切です」

研究開発室の西村顕《あきら》室長はこう語る。

白鶴が躍進する原動力となったのは『○《まる》』という廉価な普通酒だ。これは圧倒的に売れており、実に白鶴製品の半分近いシェアを占めるという。『○』は紙パック容器に二リットル、三リットルも入った大容量の酒で、同様の製品は月桂冠『月』、大関『のものも』、松竹梅『天』などがある。『○』の希望小売価格は三リットルで二〇五八円だ。しかし私が知る限りでは、東大阪市寿町にある酒ディスカウンターにおいて一三八〇円という値段がつけられていたのが一番安い。一升瓶換算で八二八円ということになる。

しかし上には上があって、甲種焼酎のメルシャン『楽』は、四リットル瓶が一六八〇円ほどで売られている。焼酎は単位当たりの価格を日本酒以上に安く賄うことができるうえ、割って飲むことが多いから、さらに割安感が出てしまう。ここでも日本酒は苦戦している。

日本酒は大メーカー、地方の中小メーカーという経営規模の二極化だけでなく、普通酒と吟醸酒、純米酒などに代表される特定名称酒との二分化がなされている。シェアからいうと、上位十社だけで業界全体の四三・一パーセントを占め、さらに大手メーカーの売上げは普通酒に頼るところが大きい。いわば普通酒の愛飲者が日本酒市場を下支えしていることになる。

白鶴の営業本部長の佐々季男《すえお》は言う。

「日本酒需要のボリュームゾーンは、いわゆるヘビーユーザーといわれるお客様です。ところがこの層は四十代後半から五十代の男性が圧倒的なうえ、一部は焼酎へ乗り換えてしまっています。何とか三十代、二十代といった若い世代、中でも女性層の開拓を試みていますが、なかなか成果があがりません」

ヘビーユーザー像とは——毎晩の晩酌を欠かさず、夏は冷やして、冬は燗をつけて飲む。もちろん冷やのままコップに注いでクイッとやるのも大好きだ。私としては、誠に正しい日本酒愛好者の姿だと感じ入る。杯を飲み干し、一拍おいてプフーッと息を吐き出している様子が目に浮かぶ。だが、かようなシーンは「オッサン臭い」ということで、日本酒を毛嫌いする理由の上位にランクされるのだという。

酒を買うのはもっぱら奥さんだ。佐々によると「値段は購入の大きな要因ですが、むしろブランドへの忠誠度は高いと思います。当社の『○』も発売以来二十年になりますがリピーターが多いのが特徴です」という。

西村は「こういう層は外で大吟醸酒を飲むことはあっても、家庭で飲まれることはまずないでしょう」と分析する。それは値段の高低差も大きいのだが、むしろ「飲みなれた味、嗜好性の問題」と彼は断言した。白鶴の『○』は醸造基準からいうと〝三倍増醸酒〟に該当する酒だ。

「大メーカーの普通酒に対する批判が根強いのは知っていますが、じゃばじゃばとアルコールを注いでただ単にコスト軽減を狙い、さらに薄まった味を糖類でごまかしているわけじゃないんです。アルコール添加のレシピは非常に繊細で微妙です。酒の味をしっかりとさせ、香りを酒に残す効用を生かすには、確たる技術の裏づけが必要です。普通酒の技術革新は日進月歩です。特に麴菌に関しては絶対の自信があります。従来の〝三倍増醸酒〟とは異なる酒だと自負しています」

自分の醸す酒に対するプライドがそうさせるのだろう、話すうちに西村の目には涙さえ滲んできた。彼は何度も「とにかく一度、パック酒に対する偏見を取り除いてから呑んでみてください。それでまずいとおっしゃるなら、私は甘んじてその言葉を受け入れます」と繰り返した。

余談だが――アルコール添加に関しては、有名なグルメ漫画の『美味しんぼ』が口を極めて貶《けな》している。私はこの漫画の愛読者ではないから、毎回読んでいるわけではない。だが、こと日本酒に関する第五十四巻に関しては、傲慢かつ教条主義的なものを強く感じた。少なからぬ数の読者が「アル添酒＝最悪」という図式にミスリードされているのではないだろうか。確かにアル添のろくでもない酒があることは認めるが、悪酒ばかりではないというのも事実なのだ。西村も反論を考えているとき、加賀の『菊姫《きくひめ》』が一歩先に厳重な抗議を行ったという。

西村は、清酒製造の一技術者としてさまざまな製造方法を駆使し、おいしい清酒を消費者に届けたいと力説する。

「吟醸造りも純米酒造りも増醸酒造りもすべてそのための方法論であり、その技術をさらに発展させていきたいんです」

白鶴も普通酒だけでなく大吟醸へのアプローチを怠っていない。ここ数年は鑑評会で連続して金賞を得ている。「灘のメーカーは鑑評会に背を向けていたのですが、品質に自信がないから出展しないという外野の声を聞いて、九〇年代から本格的に参加するようになった」とのことだ。

西村らは最良の酒造好適米として名高い山田錦に改良を加え、新たな好適米をつくることにも力を注いでいる。新型の麹や酵母の研究開発にも余念がない。こうした活動は、資金と設備のある大メーカーにしかできないことだ。できれば、その成果を広く業界に開示してほしい。

西村は取材の合間に何度も、「仕事というだけでなく、僕は日本酒が大好きなんです」と繰返した。研究室で新しい酒を開発するときも、他社の酒を呑む場合も、技術者と酒好きの二つの要素を按配しながら臨んでいる。

「どんな酒であってもその酒ならではの個性があります。僕はそれが愛しくてならないんです」

いささか性善説に拠った意見ではあるが、西村の言いたいことはよく分かる。酒が嗜好品である以上、純米大吟醸を好む人もいれば、普通酒を飲み続ける人がいても一向に構わない。また嗜好品であるからこそ、趣味性や主観が介在し、議論百出となるところがおもしろい。納得して大メーカーのパック酒を呑んでいる人を、私はとても悪しざまに非難できない。

大メーカー批判には的を射ている部分も多かろう。だが一方で真摯に酒づくりと向き合っている大メーカーも存在する。それに大メーカーがこぞって地方メーカーの醸しているのと同種の酒しかつくらなくなったら、それこそ日本酒の多様性が失われ、かえって市場が狭まるだろう。大と小が当てこすりをしていても、日本酒が抱える根本の問題の解決には程遠い。

白鶴も日本酒の新たなカテゴリー開発に挑んでいる。低カロリー・低アルコールの『鶴姫《つるひめ》』や、濃いブルーの一合瓶が印象的な『和《わ》風美《ふうび》人《じん》』、微発泡酒で柚子とレモン、蜂蜜とジンジャーを組み合わせたシリーズなどだ。西村はこういった製品をつくるうえでの苦労を語った。

「鶴姫は九三年の発売ですから、もう立派な十年選手です。九・五度というアルコール度数は日本酒としては最低限界ではないでしょうか」

月桂冠の項でも私見を述べたが、日本酒とアルコール濃度の問題はなかなか難しい。日本酒の度数を下げるには割り水といって、水を加える。醪を搾ったばかりの日本酒は二十度近くもあるから、水を足して十五度前後に調整している。ただし「原酒」として出回っている酒は割り水をしないのが原則だ。

「割り水をすると十二度を境にして、えぐみや苦味、それに良くない香りが出てバランスが悪くなってしまうんです。だから鶴姫はそれを克服するために苦労を重ね特許まで取っています。普通酒の度数を下げてマイナス分が生じた場合は、酸っぱさや甘さを加えるというのが一般的です」

普通酒にはアルコールだけでなく甘味料も添加されている場合が多いから、薄めることでそういった添加物の風味が前へ出てくることもあろう。だがしっかりとつくった純米酒でも十一、二度あたりまで薄めると、香り、風味のバランスに危うさが生じるのは確かだ。

鶴姫は「日本を代表するソムリエたち」から「ピザやチーズ、ポテトサラダなどにマッチする」とお墨付きをもらったそうだ。私は日本酒がワインの目利きのご意見を拝聴するという姿勢そのものに大きな疑問を感じるが、当世風の食生活シーンにも合った酒をつくりたいという意気込みは買いたい。ところが結果としては、とても皮肉なことになっている。

「若者向けのイベントや試飲会も積極的に打っているんですが、どうもアルコールに弱い中高年の方々に受けているようです」

メーカーがいくら意趣を変えて笛を吹いても、日本酒離れした若者は踊らない。しかし彼らに媚びるのも大事なのかもしれないが、地力で引き寄せることも忘れないでほしい。それを〝日本一〟の日本酒メーカー白鶴がすることに大きな意義がある。このまま座していれば、遠からず日本酒は死を迎えることは必定なのだ。日本酒メーカー、愛好者とも、誰もそんな結末を望んではいない。

工芸品か、工業製品か

最後に――『松竹梅』をつくる宝酒造は伏見のメーカーだが、期するところあって灘でも酒を醸している。

その前に宝酒造というメーカーの特異性を紹介しておきたい。宝酒造は日本酒業界において、ここのところ四位が定位置になっている。しかし宝は日本酒だけを商売しているわけではない。みりんや合成酒、『CANチューハイ』とそのさまざまなバリエーション、甲と乙種の焼酎、ワイン、洋酒や中国酒の輸入などを手掛け、総合酒類メーカーの様相を呈している。かつてはビールの世界にも進出したが、大手メーカーの壁は厚く、あえなく撤退を余儀なくされてしまった。その腹いせもあるのか、今でも『バービカン』というビアテイスト飲料を売っていて、これがけっこう売れているらしい。

それらの中でも日本酒を抑えて抜群の売れ行きを誇っているのが焼酎類だ。この会社は、私が大学生の頃に甲種焼酎の『純』の大ブームを巻き起こした。無味無臭に近い焼酎を炭酸やジュースで割って飲む文化が根付いたのはその余波といえよう。今もそれは『CANチューハイ』として継続されており、シェアは二位だという。もっとも他社の缶入りチューハイの大半は焼酎ではなくウオッカを使っているらしいが。

現在は何といっても乙種焼酎、いわゆる芋を核とした本格焼酎の時代で、宝でも鹿児島のメーカーと手を結んで、芋焼酎の『一刻者《いっこもん》』と『黒甕《くろかめ》』を出している。また宝酒造は添加用のアルコールの大メーカーでもあるから、他の日本酒メーカーはライバルと同時に顧客という関係にある。

そんな宝が日本酒の大メーカーとして正面から酒づくりに向かい合ったのが白壁蔵《しらかべぐら》と呼ばれる工場だ。

ここでは『三谷藤夫《みたにふじお》』という杜氏の名を冠した山廃大吟醸、山廃吟醸、山廃純米酒のほか、木桶で仕込んだ酒や花酵母を使った酒なども醸している。総じて高級酒、実験的な酒をつくっている〝プレミアム蔵〟と理解してよいだろう。

それは販売戦術にも反映されている。『三谷藤夫』ブランドは、飲食店ルート用の商品という位置づけで小売店での販売はしないし、今後も計画はないという。ただ白壁蔵ブランド全体で見れば、小売店とのタイアップによる数量限定販売をしている商品もあるし、花酵母仕込みの三〇〇ミリリットル瓶の吟醸酒は一般小売ルートにも流通させた。

白壁蔵は、もともと五四年に灘工場として出発したものを〇一年にリニューアルした。六階建ての工場は延べ床面積六三三八平方メートルで、白鶴や月桂冠の工場群に比べるとこぢんまりして見える。妻切り屋根を多用し、白と濃いグレーを配した、いかにも蔵を思わせる建物のデザインが他の武骨な工場との違いを際立たせていた。年間の石高は一万石というから、松竹梅の伏見工場の二十分の一ほどの規模だ。もっとも地酒の蔵で一万石となれば、機械化の進んだ立派な企業の体裁に近づく。

工場長は西村英喜《えいき》という。

「麹と酵母によって酒はつくられます。私にはその働きがおもしろくて仕方ないんです。何十年とこの仕事をやっていても興味は尽きません」

少し脱線するが、松竹梅の西村も白鶴の西村と同様に神戸大学で学んでいる。おまけに姓まで同じだ。しかし二人は縁者ではない。白鶴の西村は六〇年生まれ、こちらの西村はひとまわり上の四八年生まれだ。彼は、かつてアメリカの宝酒造の立ち上げに参加し、九一年から始まった四季醸造蔵の建設に携わった経歴を持つ。

西村は白壁蔵の狙いを、「本当においしい日本酒を醸すために、初心に戻って酒づくりをしています。それは手づくりの良さや原理を再現した、最新の設備をもった工場での酒づくりです」と言う。

私は彼の言葉に大メーカーが目指す方向性をみた。それは、杜氏による手づくりの酒と機械化された酒づくりの融合あるいは両立だ。西村は、「酒に対する夢とロマンを忘れない一方で、手づくりの欠点である品質のばらつきを解消することが重要」とも話した。『松竹梅』と同じような動きは『月桂冠』や『白鶴』にもあるが、ひとつの工場をそのために充当したり、杜氏の名を商品名に押し立てるというところまでは至っていない。

意地悪な見方をすれば、安価な酒だけでなく贅沢なつくりの高価な酒も用意しておいて、そういう酒のブームが興ったときに備えようという戦略かもしれぬ。大メーカーはこれくらいのことができる。もちろん、もっと単純に大メーカーならではのフルラインナップ路線と受け取ることも可能だ。

それにしても松竹梅に限らず大メーカーのカタログをめくっていると、その大艦隊ぶりに圧倒される。一升瓶から徳用パック、小さな紙パックにコップ酒……銘柄だけでも「あれ、こんな酒があったんだ」と驚いてしまうほどだ。これだけの商品群をつくり、流通させているという企業姿勢こそ、大メーカーの大メーカーたる所以《ゆえん》といえよう。地酒を旗印にしている蔵でも大艦隊方式をとるところがある。開発力や生産技術の面で大メーカーの足元にも及ばないのに、こんなやり方だけを真似して大丈夫なのかと心配してしまう。しかも残念なことに、量を求めた蔵は高い確率で質をおざなりにしてしまうのだ。

西村の案内で蔵に入ると、自家精米機から和釜の原理を応用したという連続式蒸米機、温度と湿度管理に長けた自動製麹機、均一に温度管理の可能な仕込みタンク……自慢の新鋭機器が並ぶ。ここでは六トンの大規模なラインと六〇〇キログラムという対照的な仕込みを同時に進めている。

「機械を使って手づくり感覚で醸すことは技術的に簡単なことです。しかしそれだと、技の伝承が叶わない。だから小さな仕込みを残して、人の手と微生物が触れ合う場を作ろうとしているんです」

工場内は他の大メーカーの工場同様に人影は少ない。そんな構内だが、地方の蔵と同じように酒づくりの神様である松尾大社を祀り、各階にお札が貼ってある。私も神棚に手を合わせた。

三谷藤夫は新鋭機器の傍らにいた。三二年生まれの彼は兵庫県北部の美方郡出身で但馬杜氏の流れを汲む。彼は孫のような若者たちと一緒に限定吸水の作業に入っていた。若人たちは三谷のことを、敬意を込めて「おやっさん」と呼んでいる。三谷はこう語った。

「若い人を育てるのも大事な私の仕事です。いくらコンピューターが発達しても、杜氏の技には勝てません。だからこそ、私の持っているものをすべて若い人たちに伝えたい」

三谷は、理想の酒の在り方を「香りはそれほど強くない、食中酒としての清酒を目指しています。酒の際立った特徴を出すのも大事なんでしょうが、私はむしろ料理と仲のよい酒をつくりたいんです」と言ってくれた。嗄れた低い声で三谷が出す指示にしたがって若者たちが動く。痩身の彼は額に深い皺を刻んでいる。

「槽口から出た酒を唎いて、納得のできたときの喜びを知ってほしいです。白壁蔵の環境は最高のものです。しかしこれを活用するのは人間ですから。職人というもんは過程も大事ですけど、結局はできたもんでしか評価されんということも肝に銘じてほしい」

手づくりと機械化の是非の問題は永遠のテーマでもあるが、大メーカーが収益確保のために集約化、効率化の方針を変えることは絶対にないはずだ。白壁蔵で行われている酒づくりは、三谷の杜氏引退後も別の杜氏を招いて連綿として行われていくのだろうか。それは『三谷藤夫』ブランドの存続にもかかわる。それとも、彼の技術と思想が若い技術者たちに継承され「手づくりの酒」という趣旨を貫くのか。あるいは人知というソフトウエアが機械にインプットされ、一気にファクトリーオートメーションへと突き進むとみるべきか。

西村は白壁蔵での清酒づくりを「試行錯誤の段階」と表現する。

「清酒市場が縮小している中で、消費者に受け入れられるうまい酒とはどんなものなのか、多品種少量生産ができる蔵の特性を活かして、チャレンジしている最中なんです。仕込みのロットや、原料や造りの特性などにより、機械にすべきか、人の技にすべきかは判断が変わります」

私は地酒を工芸品、大メーカーの酒を工業製品と規定したが、西村は白壁蔵での酒をこう定義した。

「ここでは伝統的な技術をふんだんに取り入れながら、最新の機械の利点を生かしています。いわば地酒に通じる工芸品に、機械づくりの利便性を加えた〝加工品〟という位置づけでいいんじゃないでしょうか」

ちなみに彼は、松竹梅が〝開発〟した焙炒造りという製法に関して、「醬油は大豆を炒って醸している。これを米ですればどうなるか」という発想で開発されたと話していた。当時は甲種焼酎の売上げが急増しており、それを受けて営業サイドから、「さっぱりとしてドライな日本酒」というリクエストがあったということも付け加えた。もっとも西村は焙炒造りに対する風当たりの強さも承知している。

「酒の多様化という視点も持ってほしいですね。酒の伝統は多くの技術革新を経て現在に至っています。その中には否定されたり批判された技術もありましたが、日本酒はそれをも呑み込んで発展してきました。私は技術者として、酒をつくる方法論の改良や開発は絶対にストップしてはいけないと思います」

「木桶仕込み復活」に思うこと

白壁蔵では〇四年になって木《き》桶《おけ》仕込みの商品も販売した。四合瓶で五百本限定、手作業で製造、しかもインターネットだけで一般販売……プレミア蔵の商品にふさわしいとでもいうべき、「限定」「手づくり」などの惹句が躍っている。しかし反応は上々で、広報によると「あっと言う間に完売しました」という。こういう〝お宝〟感満載の商品に人々が群がるというのは、酒の世界も例外ではないようだ。

木桶仕込みというのは、その名の通り木製の桶で酒を醸す造りをいう。一九五〇年代半ばから六〇年代にかけて、ホーローや合成樹脂製タンクの出現により木桶は姿を消した。ホーロータンクは木桶に比べて、格段と衛生的なうえ微生物管理が行いやすいという優位を持つ。木が酒を吸い込むことで生じる目減りもない。酒造メーカーのほとんどすべてが、木桶を捨ててホーロータンクを採用したのは当然のことだった。効率面だけでなく、酒質向上の面で大きな差があるのは歴然とした事実だからだ。

だが〇二年、突如として木桶復活の狼煙《のろし》が上がった。長野県小布施《おぶせ》にある枡一市村《ますいちいちむら》酒造場にいるセーラ・マリ・カミングスというアメリカ人女性の提唱がきっかけだ。彼女は六八年生まれで九一年に来日、九四年から枡一でさまざまな蔵改革に着手している。その活動は「台風娘」の異名をとるほどドラスティックらしく、多くのマスコミが彼女を取り上げている。この人が唱える「温故知新」や「伝統復活」の声に乗って「木桶仕込み保存会」が結成され、『真澄』や『南部美《なんぶび》人《じん》』『くどき上手《じょうず》』などを醸す三十近い蔵が賛同した。

私はそれを知って本当にやり切れない気持ちになった。これほど、日本酒業界の貧困と無策、定見のなさを露呈させたエピソードはなかろう。本来なら、龍勢の藤井が言うところの「日本酒に興味を向けるための何本もの釣り針」の一つと割り切ればいいのだろうが……。私にはセーラをどうこう言うつもりはない。だがセーラが、白人の、歳若い、金髪のアメリカ人だという事実に大きな引っ掛かりを覚える。日本人というのは、いつもこうなのだ。自分では価値を見出せなかったくせに、欧米人から評価をされると急に掌を返す。

私はこういう行為がガマンならない。酒の本質を見極め、追究する姿勢を持っていて木桶仕込みがそれに合致するのなら、もっと早い時期に日本人有志の手で復活させるべきではなかったのか。日本の蔵元や杜氏たちは、彼女に檄を飛ばされるまで木桶なんて見向きもしなかった不明を恥じるべきだ。彼女に言われて動き出したということは、そのまま「温故知新」や「伝統復活」からずっと目を逸らしていました、気にもかけませんでしたと告白しているのに等しいということを肝に銘じてほしい。

それに彼女が日本人だとしたら、提唱者がアジアの女性なら、あるいはアフリカから来た男性だったら、業界は「木桶仕込み復活」の言葉に乗っただろうか。マスコミは大々的に取り上げてくれたのか。私はここにも、日本人の捩れた意識構造を見る。

私は『南部美人』と『くどき上手』の木桶仕込みの酒を呑んだ。木桶というから強い木の香を想像したが、そうでもない。活性炭素で濾過して、かなり木の香を消してあるのだろうか。とにかく香りという点はちょっと思惑が外れた。もっとも、それぞれの酒はもともと力のある蔵で醸されたものだから、充分においしい酒ではあったが。しかし「木桶」という意味をどこに見出していいのか、少し考えざるを得なかった。ある蔵元は、「廃絶してしまった技術を今日に復活すると同時に、木桶を作る職人の技も復活できました。〝風が吹けば桶屋が〟ではありませんけれど、日本の伝統文化がさまざまな形で息を吹き返しているんです」と語っていた。この意見に反論するつもりはない。だが併せて、何人かのベテラン杜氏たちが、「ホーロータンクよりうまい酒が仕込めるかどうか疑問に思う」と話していたことも書き加えておこう。

「木桶仕込み復活」が日本酒にある種のロマンを付加することは認める。だがそこに至る経緯には、無為無策のまま転落してきた日本酒業界の在り方が露呈しているような気がしてならない。

大メーカーはどこに向かう

思わぬ方向に話が飛んでしまった。

とにかく、酒づくりは難しい。つくり手の志向と試行がぶれたり、思わぬ結果がでたりするので、蔵を新設したり杜氏が変わって四、五年はなかなか品質が安定しないものだ。白壁蔵もまだまだ歴史の浅いだけに、蔵の評価を下すのは早かろう。ただ、大手メーカーが「試行錯誤」と公言しながら酒をつくっているという事実は評価すべきだ。今後の大メーカーの酒づくりの在り方に一石を投じる存在になるやもしれぬ。

さらに、これは杞憂に過ぎないことを願うが——白壁蔵を出て振り返ったとき、宝酒造が日本酒を見切ったら白壁蔵はどうなるのだろう、という思いがよぎった。高度な杜氏の技術を継承しながら、効率的で先鋭的な機械化を達成できたとき白壁蔵の価値は想像以上のものになるはずだ。アメリカ式の経営だと、資産価値のある施設は〝商品〟として売買の対象になる。仮定の話だが、ニッカウヰスキーを傘下に入れたアサヒビールが、総合醸造酒・蒸留酒企業を目指しているとしたら、白壁蔵の持つノウハウと施設は垂涎ものだろう。もちろんサントリーや灘の大メーカーが買収に乗り出したり、海外の会社が触手を伸ばす可能性も否定できない。

何しろ日本酒業界は、近い将来に五百蔵程度に縮小してしまうと言われている。現在稼働している千五百のうち三分の二が消えてしまうのだ。その中に大メーカーも含まれると予測する関係者は多い。合併や買収によって命脈を保つのも、ビジネスという観点からはあり得る選択だ。そういう意味でも、日本酒メーカーであって日本酒専業メーカーではない宝酒造が白壁蔵をどう運用していくかに興味がつきない。

それと、大メーカーの取材をしていて気になったのは、技術者と営業サイドの体温差だった。醸す側の人たちの熱意と研究、開発に対する姿勢には感銘に近いものを受けた。大メーカーの酒に対する批判は数多いが、間違いなくかれらも日本酒を愛する人たちだった。工業製品と工芸品の差はあれど、良いものを醸したいという想いは同じのはずだ。

しかし、営業陣と話していても小さな感興すら起きなかったことを記しておきたい。日本酒不振の原因と対策、現状認識、日本酒の未来……誰一人としてまともに答えられる人材がいなかった。これは実に残念なことだ。

代わりに彼らの口を衝くのは、いかに販売成績を上げるか、スーパーの棚で自社製品のスペースを確保する苦労、新製品を売ろうにも悪戦苦闘している、世間は焼酎ブームだから、日本酒はイメージが良くない……といったことばかりで、最後は他社の悪口に至る。グローバルな視点、大企業として業界を牽引していく見識、日本酒の行く末を見据える視線など微塵も感じられない。皆が皆、自社の営業成績アップにのみ囚われ、汲々としている。ノルマに追われることに疲弊し、自分が日本酒に関わる一員であることを忘れたかのようなセールスマンが持ち込んだ商品を、どうやって丁寧に扱え、敬意を持てというのだ。これでは必死に酒をつくっている技術者たちの心が、いっかな消費者に伝わってこないのは当然ではないか。

日本酒が窮地にあることは百も承知だし、焼酎が売れて日本酒を圧迫していることも把握している。私が知りたいのは、だから大メーカーの営業は日本酒復活のためにどう打って出るのかということなのに。

今回の取材では大メーカーのトップに会う機会を賜らなかった。だが許されるのなら、これからでもいいから社長たちに会ってみたい。その際には、大メーカーは日本酒をどうするつもりなのか、業界全体の未来図をどのように描いているのかについて質問してみたい。いやわざわざ私如きが問わずとも、彼らは早い時期に日本酒ファンへ向けてその態度を明らかにする義務を負っているはずだ。

第三章

酒を商う人たちの視線

コンビニに追われる町の酒屋

日本酒をめぐる環境は、販売という側面でも苦境に立たされている。同時に、ここ数年で酒を商う場の様相が一変した。

まず町の酒屋がどんどん消えていき、代わってスーパーやコンビニ、ディスカウントストアが台頭している。その最大の原因は政府による規制緩和だ。酒類販売免許の規制には、酒販売店間に一定の距離をおく「距離基準」と、一定の人口に一つの免許を割り当てる「人口基準」があった。しかし九五年に閣議決定した規制緩和計画で、まず〇二年一月に「距離基準」が、次いで〇三年九月をもって「人口基準」も撤廃された。コンビニや大手スーパーチェーンが堰を切ったように酒を扱い始め、その後を宅配ピザや弁当屋、レンタルビデオ店、一〇〇円ショップ、ドラッグストア、ホームセンター、ガソリンスタンドなどの〝異業種〟が酒販売へとなだれ込んできたのは周知のことだ。

ただし〇五年八月までの時限立法「酒類小売業者経営改善等緊急措置法」により、一応の救済策は打たれている。それは、規制緩和で経営が困難になる酒販店の割合が高い、酒類の供給過剰になるなどの条件を満たした地域を税務署長が「緊急調整地域」に指定して一年間に限って新規出店を認めないというものだ。

しかしこの法律も焼け石に水で、「酒を売る」場がドラスティックに変化していく現実は勢いを増すばかりだ。数字だけを追っていっても、九一年からの十年間で酒を扱う「一般小売店販売場数」は一一・六パーセント増加した。その内訳は、いわゆる酒屋や酒のディスカウントストアの比率が三割近く落ち込み、代わってコンビニとスーパーが二割弱も増加している。販売量も同様で、九〇年度には八割を占めていた酒屋のシェアは二〇〇〇年度には五割にまで減少し、コンビニ、スーパーが一割から三割に伸びていった。

都内世田谷区の酒屋さんが語ってくれた。

「ここ数年で最も販売業態が変わったのはビールと発泡酒です。まずは酒ディスカウンターの出現で一般の酒屋は大きな打撃を受けました。同じビールの値段が全然違うからです」

国税庁が九八年に実施した調査では、ビールの小売の販売額が原価（販売経費含む）を割るケースが九〇パーセント、販売価格が仕入れ価格を割っているケースも一五・四パーセントという結果が出ている。酒ディスカウンターではないが、私の家の近くのディスカウントショップ「ドン・キホーテ」で調べてみた。いずれも三五〇ミリ缶でキリンの一番搾りが一八五円、アサヒのスーパードライは一九〇円だった。私は普段あまりビールを飲まぬが、暑い日にはおいしく喉を潤させてもらっている。そんな日に飲むサッポロのヱビスは二一五円、銀河高原ビールが二二八円だ。ビールではないがサッポロのドラフトワンは一一八円という値段だった。いずれも一般の酒屋より大幅に安い。週末にもなると、ケースで買っていく客の姿が見受けられる。先ほどの酒屋さんは続けた。

「ディスカウントで売っている値段はうちの仕入れ値より安い。これはビール会社が、数を売ってくれる店に対して多額のリベートを提供する形で安売りしているからなんです。メーカーぐるみで意地悪されたんじゃあ、とても勝負になりません」

ところが酒ディスカウンターもここへきて雲行きがおかしくなってきている。

酒のディスカウントストアの場合、コンビニやスーパーと同じく〝カタカナ業態〟ということで十把一絡げにされがちだが、「河内屋」「サリ」「やまや」など、酒販店の有志たちがバブル後期に共同で立ち上げた店が多い。出自は町の酒屋さんなのだ。だから酒ディスカウンターを覗くと、こと日本酒に関していえば、ちゃんと保冷している店が多かった。店員の酒の知識もそこそこのレベルを保っている。私の個人的意見としては、日本酒がそんなに安いとも思えないが、決して低水準の販売店ではなかった。何より、酒のデパートという趣があって、あれこれと日本酒以外のコーナーを視察がてらに見て回るのが楽しい。

しかし、酒ディスカウンターは当初こそ快調な売上げを記録していたが、バブル崩壊とそれに続くデフレで一気に経営が悪化してしまっている。もともと「薄利多売」が原則なのに、まず規制緩和でコンビニやスーパーが酒類販売に参画して「多売」の部分が侵食された。大手スーパーは安売りの部分でも上手をいった。ここで「薄利」も崩れてしまう。やまやの会長は「当社を含めて酒ディスカウンターの多くは、いつ潰れてもおかしくない」と発言し、イオングループのジャスコと提携するに至っている。サリは信販会社の軍門に下って経営者が交代した。

酒ディスカウンターも深刻だが、〝町の酒屋さん〟の苦境はもっと根深い。まず酒屋の意義が根本から問い直されている。ビールを例にとると、なぜ高い商品を酒屋で買わなければいけないのかという素朴な疑問に突き当たってしまう。経営規模が弱小というだけで、努力も工夫もしない酒屋が窮地を救ってくれというのは、弱肉強食の商売の原則から外れているという指摘もある。

都市部で町内という意識はどんどん薄れ、マンガの『サザエさん』のように三河屋さんが御用聞きに来るシーンは皆無に近くなった。先ほどの酒屋さんによると、八〇年代初頭までなら、六百世帯の商圏を抱えていれば酒屋は安泰だったそうだ。毎日の晩酌はもちろん、町内の冠婚葬祭があれば必ず近所の人が集まり酒の需要があった。盆と暮れの贈り物も酒が定番だった。ところが昨今では大都会ほどそういう習慣が激減してきている。都市化が酒屋を蝕んでいるという見方ができよう。先ほどの酒屋さんは言う。

「うちのお客さんに聞いたら、酒を毎日家で飲む世帯は二割ほどでした」

出生率が一・二九というから、これから酒の消費量が爆発的に急増する可能性はゼロに等しい。その中で、酒屋もただ手を拱いていれば死を待つばかりだ。酒屋仲間が集まったり、組合で共同購入をして仕入れ値を安くする店や、店頭にカウンターを設えて立ち飲みを行う店も増加傾向にある。とにかく、どの店もサバイバルに躍起なのだ。

しかし——全国小売酒販組合中央会の調査結果には残酷な現実が並んでいる。九八年以降の五年間で、転廃業あるいは倒産した酒屋は二万四〇三九軒にものぼった。もっと悲惨なのは、失踪・行方不明者が二五四七人、自殺者五八人という数字だ。

「コンビニやスーパーは、はっきりいって脅威です。実はうちの一〇〇メートルほど西側にコンビニができましてね。目に見えてビールと缶チューハイの売上げが減りました。一本、二本という単位なら、値段は同じでもあっちへいっちゃうんですよ。本格的な価格勝負では大スーパーに勝てない。もうビールを扱うのはやめようと思っています」

話題がビール寄りになってしまったので、肝心の日本酒へ話を戻そう。

日本酒の場合、それでなくても売れていないのに、コンビニやスーパーのような業態が幅を利かせてくると本当に困ってしまう。日本酒を売るには、やはりそれなりの環境が必要になってくるからだ。

私はこの取材を始めてから、日本全国どこにいても、つい酒屋に目が行ってしまうようになった。酒屋に入るかどうかは、食べ物屋や古本屋といっしょで店の外見や立ち上がる匂い、雰囲気で判断するしかない。いわば勘に頼るわけだが、小さな店でもちゃんと立派な冷蔵庫が置かれ、何種類もの酒瓶が並んでいるとうれしくなる。手書きの説明POPがあると、私は一個一個ていねいに見て回り、一人で唸ったり納得したりしている。つつ、と主が近寄ってきたら、日本酒談義に突入せざるを得ぬ。われながら病膏肓《やまいこうこう》に入っておるな、と苦笑してしまう。

だがコンビニやスーパーではこのようにはいかない。まず両方とも売上げ至上主義、POSが弾き出す実数がすべてだ。悪貨が良貨を駆逐するのも仕方がないという方式の品揃えだから、営業力の弱い蔵の良い酒が居場所を失い、強い販路を持った大メーカーや社会悪ともいうべきまずい酒が棚を占領する可能性が高い。それにコンビニやスーパーは専門知識を持ったスタッフを置かない。日本酒の良さを伝道する方策がここで閉ざされてしまう。保管体制も絶望的だろう。日本酒業界は「日本酒はコンビニやスーパーで買わない」キャンペーンを打つ必要すらあるのではないか。

もっとも蔵元の多くは、「コンビニで日本酒が多量に動くことは絶対にないと思います」と見ている。前述の酒屋さんが言ったのと同じで、「ビールや缶チューハイを買う場所」という意見が強い。蔵元たちの代表的な意見はこうだ。

「そんなことより問題はスーパーですね。スーパーで保冷棚に並んでいるのは、たいがいが大手メーカーの生酒や大吟醸タイプ、それも三〇〇ミリリットルサイズの小さな瓶が圧倒的です。これら以外の酒は冷温とは関係のない棚、それも焼酎に押されて隅のほうに追いやられています。しかも一升瓶は敬遠され、パック酒が幅を利かせている。ここに酒を出すというのは、かなりリスキーなんですよ」

私の住まいの近くには「ライフ」というスーパーがあるが、ここでも日本酒の置かれている状況は先ほどの指摘通りだった。大メーカーのパック酒以外だと、『八海山』『久保田』の「千寿《せんじゅ》」、『土佐鶴』に『奥の松《おくのまつ》』『天狗舞《てんぐまい》』『菊水《きくすい》』『越の寒中梅《こしのかんちゅうばい》』『吉乃川』『魚沼《うおぬま》』『美少年《びしょうねん》』といった具合だ。いずれも……地酒とはいえ、大手蔵の酒ばかりが陳列棚に並んでいる。逆を言えば酒のガイド役が売り場にいないのだから、〝知名度〟だけが、売れるか売れないかの勝負というわけだ。一升瓶は敬遠され、どれも四合瓶だった。持ち運びの利便性を考えたら、これもまた当然だろう。値段も久保田や八海山の例外を除けば一〇〇〇円前後のリーズナブルなものが中心だ。ある意味では、極めてまっとうな売り場展開ということもいえよう。

余談だが、このところスーパーやコンビニでやたらと『奥の松』が目につく。カタカナ業態に販路を広げたことで、この蔵は大いに伸張しているに違いない。ラベルには全国日本酒コンテストのさまざまな部門で優勝したことが掲げてあり、かなり目を引く。私はコンペや鑑評会の成績にほとんど興味がない。だが、この酒が高いレベルでコストパフォーマンスを達成していることは認めたい。安くてうまければ、売れて当然だ。

しかし私も、スーパーが酒を売る場として万全とは思わない。やはり町の酒屋さんに奮起をしていただきたいのだ。衰えたりとはいえ、今も全国では千五百ほどの蔵が酒を醸しているではないか。いずこも同じ品揃えのスーパーでは、現に私がいつも愛飲している地酒を扱っていない。

いいものを、いいスタッフが、いいサービスで提供すれば、必ず酒屋に勝機が生まれるはずだ。日本酒という食文化と、そこから生まれるコミュニケーションやコミュニティを育む役割は、スーパーやコンビニではなく酒屋さんにこそ担っていただきたい。

日本国中で「日本酒は売れません」という嘆きの声を耳にするのは事実だ。しかしその一方で日本酒に特化、あるいは日本酒をメインに据えて商売を成功させている酒販店も存在する事実を忘れないでほしい。

料理に合う酒をすすめる

浜松市にある「入野酒販店」は、年間売上げが二億七〇〇〇万円という酒屋さんだ。しかもその七割を日本酒で賄っているという。特に師走ともなれば連日、一〇〇万円以上の売上げを記録し、三〇〇万円という日もあるそうだから、日本酒をめぐる不景気な話ばかりの昨今、うれしくなってくる。

「だって俺自身が日本酒大好きだでね。ワインアドバイザーの資格を取っとるし、ワイン講習会の講師もやっとるけど、自分で飲むなら、やっぱり日本酒じゃん。だからウチの商売は趣味の世界だって言うの。ホビーだよ、ホビー」

こう言って主人の榛葉《しんば》雅弥《まさみ》は笑う。彼は六四年生まれで、父、母、妻の四人で店を切り盛りしている。創業者の父は酒問屋や造り酒屋に勤めていた。「入野酒販店」という屋号は、かつての住所の入野町にちなんでいて、今は佐鳴台《さなるだい》に地名が変わっている。

入野酒販店は、浜松駅から自動車で十分ほど、団地や戸建が並ぶ住宅地に店を構えている。駅前でタクシーを拾い「佐鳴台の入野酒販店」といえば、たいていの運転手は知っているというから凄い。私が乗ったクルマも店名を告げると、「ああ、日本酒をたくさん置いてる店でしょ」とすぐ分かってくれた。近くにはディスカウントストアやジャスコという強敵がいるが、榛葉は「酒を商うといっても、あっちとは扱ってる商品が全然違うからね」とまったく意に介していない。

入野酒販店の面積は五十坪だから〝町の酒屋さん〟としては大きな部類に入るだろう。店の正面はガラス張りで、外から中の様子がよく見える。焼酎や洋酒の棚、奥にはワインセラーもあるが、やっぱり目を引くのは日本酒だ。それも地酒ばかりで大メーカーの製品はひとつもない。

「蔵元と直に取引してるのが六十銘柄くらい。あと、問屋から来るのもあるから八十ほどになんのかな。でもね、俺には全部つくり手の顔が見えとるよ。〝さけ〟の〝け〟は〝気〟だと思うの。酒を飲むというのは気を飲むことになる。そうなるとつくってる人の顔が分からん酒は飲めないし、売るわけにはいかんでしょ」

私は「大メーカーの酒=悪酒、地酒=良酒」という図式に従いたくはない。普通酒や三増酒、オートメーション化された工場でつくられた酒であっても、技術者が丹精込めて醸し、自信を持って送り出していることを知っている。しかし大メーカーの酒はつくり手の顔が見えにくい、というのは間違いのない指摘だ。この点は反省しなければいけない。

榛葉の店では、どの酒にも手書きのＰＯＰが添えられており、棚の奥にある一升瓶でも埃ひとつかぶっていない。「商品の回転が速いから、埃も積もる時間がないんだよ」と榛葉は胸を張った。なるほど、次から次へとひっきりなしにお客さんがやってくるし、電話が鳴る。

特記すべきはビールの扱いが本当に少ないことだ。店に入って右側の壁すべてを埋める冷蔵庫のうち、ビールはわずか一面だけで、残りすべてに日本酒が並んでいる。

「脱ビールがウチのキーワードだろうね。一時は〝酒のデパート〟を商売の柱にしてたから、輸入ビールも含めて四面ほどあったんだよ」

ところがバブル最盛期を機に日本酒中心へと大幅なシフトチェンジを試みる。

「日本酒なんて飲めたもんじゃないと思ってたけど、八〇年代の半ばから少しずつ地酒のうまいのが流通するようになったからね。これはおもしろそうだと思ってさ。どうせ仕事をするなら、好きでもないもんを扱うより、自分が打ち込めるものをやりたいじゃん。それで親父と相談してさ、少しずつ変えていった。今みたいになったんは、八八年くらいじゃなかったかなあ」

榛葉の隣で父が言う。

「でも当時は、ビールの売上げってバカにできなかったんですよ。ビールの扱いを少なくするたび、そうね、年にして五〇〇〇万円くらいは売上げが減っていったから。正直、あの時は苦しかったですよ。読みを間違えたかなあって焦ったね」

だが結果は吉と出た。榛葉のところだけでなく、どの酒販店でもビールはじりじりと後退を続けていることは再三述べた。榛葉は頷いた。

「そうだね。酒販店では六本パックでさえ出ないもん」

ついでに書くが、酒屋での洋酒は「なんだ、ここにいたのか」と声をかけたくなるくらいに肩身が狭い。そういえば私もウイスキーやブランデーを酒屋で買わなくなって久しい。三十歳くらいまでは、バーボンやウオッカ、ラムなどをよくひっかけていたのだが。

榛葉親子はビールだけでなく、飲食店との付き合いや配達も徐々に縮小していった。父が続ける。

「要は貸し売りをしないってことなんですよ。貸し売りを全部回収し終えた瞬間にバブルが弾けたから、運もよかったね」

現在は店頭売りが九五パーセントで、残りの五パーセントが業務用つまり飲食店という比率になっている。榛葉は強調する。

「ウチは貸し売りだけでなく、値引きもしません。二キロより遠いところは配達さえしない。従来の酒屋じゃあり得ないことだよね。だけどお客さんにとって最高のサービスって何かと考えたら、やっぱりいい商品を揃えて、いい情報を提供することでしょ。俺は誠心誠意、いい酒を飲んでいただこうと毎日必死だからね」

榛葉の働き振りを観察させてもらった。

彼は客の動きをさりげなく注視している。どの酒の前で足を止めたか、どのPOPに見入っているか、がポイントだ。

「これでだいたいお客さんの好みが分かります。でもお客さんってのは油断がならないですよ。『八海山』とか『飛露喜』『久保田』『〆張鶴《しめはりづる》』なんて有名銘柄があると立ち止まってしまう」

榛葉が客に声を掛けるとき、必ず口にするのが「今夜、何を食べますか」「どういう料理方法ですか」だ。客は意外そうな顔をしながらも、彼の質問に答えている。

「牡蠣ですか。土手鍋？　使う味噌は麦じゃなくて米の味噌だよね。それならこれ、しっかりした東北の山廃だ。重めの純米でもいいですよ。もし鍋を始める前に酢牡蠣をつまむんだったら、こっちの本醸造の辛口もいいですよ。でも飲む順番を間違えないでね。本醸造が刺身で、山廃は鍋のときだから」

客は説明に聞き入りながら、薦められた瓶を眺めている。榛葉は別の酒も持ってきた。

「食卓に魚がのぼることが多いんなら、けっこうこれはオールマイティですよ。辛口でさっぱりしてて、料理の邪魔をしないから。三つとも四合瓶があります。一升瓶だと重いし冷蔵庫に入んなくて大変だけど、四合なら大丈夫でしょ」

そう言うと、彼はすっと客から離れる。客は三本の酒を前に思案顔だ。榛葉は決して押しが強いわけではない。変な喩えだが、しばらくぶりに会った小学校の同級生のようだ。客との間に、親しすぎず、かといって見知らぬわけでもなし、という微妙な距離感を保っている。結局、酒は三本とも売れた。

「一升瓶を一本売っても一つの蔵しか生き延びられないからね。四合瓶でも二本、三本売れば複数の蔵が潤うわけでしょ」

彼には、日本酒は食中酒だという強い想いがある。

「ワインだと食べ物に合わせるセオリーを気にするくせ、日本酒はルーズなんだよね。確かに世界中のお酒で日本酒ほど守備範囲の広い酒はないんです。だけど、それでも相性はあるのよ。どうせなら、おいしく飲んで食べてもらいたいでしょ」

このポイントは重要で、入野酒販店と同じように日本酒を核にして実績をあげている酒屋は、おしなべて「食と酒」がキーワードだ。私が話を聞かせていただいた、函館の越前屋、東海市の名槌屋といった〝成功者〟たちも、「何を食べるか」から酒選びのアドバイスを始めると口を揃えていた。

榛葉は店内に掲げてある、酒蔵の位置を書き記した日本地図を指さした。それを見て気がついた――彼の置いている酒は、いわゆる長野、東北内陸部、関八州などの「山の酒」が極端に少なく、地元静岡はもちろん越後や東北、高知といった「海の酒」が断然に多い。

「浜松って海沿いにある海抜の低い町だし、気候も温暖だよね。山でつくった酒より、海の近くでつくった酒のほうが気候風土に合うんですよ。海抜で千メートルも違うと、平均気温でどれだけ差が出てくると思います？　山じゃ部屋の隅に酒を置いといて平気でも、こっちじゃ冷蔵庫にしまわないと劣化しちゃうよね」

さらに海の酒も醸された地域によって活かし方が違ってくる。

「要はどんな魚を、何つけて食べるかってことになるんですよ。浜松じゃ刺身といえば白身より赤身なの。マグロやカツオが獲れるから。しかもそれをふつうの生醤油につけて食べるのね。だけど瀬戸内じゃ圧倒的にタイ、ヒラメといった白身。あっちでは甘いたまり醤油で食べる。高知はカツオ、赤身だけど、これもたまりでいく。しかも中京から西、特に四国、九州なんかは醤油に柑橘の果汁を入れるからね。今度は酸味とたんぱく質の組み合わせだ。そうなると酒のチョイスも変えざるを得なくなる」

彼は一本の酒とたまり醤油、生醤油を持ってきた。酒は広島の『誠鏡《せいきょう》』だ。榛葉には悪いが、私はこの地酒に対して、凡庸という印象しか持っていない。彼は、たまり醤油と生醤油をそれぞれ舐めてから酒を飲んでみろ、と私に言った——たまりとの組み合わせでは、驚いたことに酒にうまみが増して、腰も強くなっている。少なくとも私の知っている『誠鏡』ではない。杯が進みそうだ。さらに生醤油と組み合わせると、変な苦味が出てきた。平凡な味どころか、まずい酒になってしまう。今度はレモン果汁をそれぞれの醤油に垂らしてみる。それらを指先につけて口へ運び、酒を飲む。なるほど、これほどまでに味が変わるものなのか……榛葉はニコッとした。

「やっぱり日本酒も食べ物に合わせてやらんと、かわいそうなんだよね」

彼は酒蔵を回るとき、県や地域が変わるたびに蕎麦やうどんを食べる。

「そうすると、その県や地域のダシは何か、醤油はどういうのを使ってるかが分かる。俺は唎き酒して銘柄を当てるのは苦手だけど、どこの県の、どの地区の酒かは、かなりの確率で当てる自信がありますよ」

彼はこの方法論を飲食店へのサービスにも応用している。最近は店のオーナーやマネージャーだけでなく、料理人自らが「自分の料理に合う酒を探してくれ」とやって来る。現に、取材中も何人もの飲食店関係者が訪れ、榛葉に頭を下げていた。彼はいつもの飾らない口調でアドバイスしている。会話のポイントは、どんな材料をどう調理するかだ。

「今朝、市場へ行った？　三陸からいい牡蠣が揚がっとったよね」と言われて、水商売の人間がたじたじとなった。それほど榛葉は市場の情報に精通している。料理の方向性を確認したら、てきぱきと薦める酒をリストアップしていく。

「最近はうまいものが多くて、お客さんの口が肥えているから料理人も俺も必死ですよ」

とはいえ、うれしい傾向も出てきている。銘柄ではなく味で酒を選ぶお客さんが増えているのだ。

「ある店では誠鏡が久保田より出てるからね。あれなんか上手に料理と合わせたら本当にうまい酒だから」

彼と飲食店とのやり取りの中でも目を引いたのが、「よかったら持っていきなよ」と渡したメニューだ。これは榛葉の手書きで、「ひやおろし登場！」とか「各県代表人気筆頭酒」「旅先でゲット、地方の無名のうまい酒」などとタイトルがあり、その次にいろんな酒が、プロフィールや相性のいい料理と一緒に並べてある。
「以前はパソコンで作ってインターネットで流してたんだけど、あれじゃダメなんだよね。やっぱり手書きのほうがありがたみが出てくる。でも俺もこういうのをつくるのが好きだから。言ったでしょ、趣味なのよ、趣味」

焼酎に追いやられる日本酒

昨今は焼酎ブームで、どこの酒屋でも芋を中心に麦や胡麻などの本格焼酎や沖縄の泡盛が幅を利かせている。その煽りを食っているのが日本酒というのは間違いなかろう。

私は汎日本酒主義を奉じているが、根がさもしいので本格焼酎もおいしくいただいていた。ついでに申し上げるとシャンパンも大好きだ。財布が許してくれるなら毎晩でも飲みたい。しかし日本酒と焼酎を飲み比べて、いつも感じることがある。それは奥行きの差だ。本格焼酎の香りが捨てがたい魅力だということは認める。ところが味はどうだろう。総じてドライだし、甘みやこくがあったとしてもバリエーションは少ない。飲んでいて、あれ、もう行き止まりか、という寂しさを抱く。

その点、日本酒には上立香《うわだちか》、含《ふく》み香《か》、吟香《ぎんか》、返《かえ》り香《か》と、飲む過程でさまざまな香りの楽しみがある。味も甘さ、辛さ、苦さ、うまみ、米の味……と趣の異なる要素が複雑かつ幾重にも層を成す。行けど果てしなき道の如く、が日本酒の悦楽の本質ではなかろうか。

榛葉の店では本格焼酎のコーナーがあるが、「日本酒に比べると商品が動かない」ということだ。おもしろいデータがある――彼と付き合いのある店で、焼酎に力を入れた店は料理の売上げが落ちて青息吐息、逆に焼酎を頼んだ客に、敢えて日本酒を勧めたところはそこそこ調子がいいのだという。

「焼酎派は最初に料理を注文すると、もう追加しないんだって。けど日本酒のほうは、だらだら、だらだら飲みながら肴も取る。そりゃそうだと思いますよ。だって焼酎は蒸留酒だもん。蒸留酒を飲みながら食事をするのは、ちょっと無理があるんだよね」

しかも焼酎は割って飲む。四合瓶や一升瓶が一本売れても、実質的に客はその三倍近くの量を飲むわけで、おまけに料理なしで長居される。ということは甚だ経済効率が悪い。

「ウチで焼酎を買っていく飲食店はラーメン屋さんとかスナックですね。そういうところは料理が単品メニューだったり、乾き物しか出さないでしょ」

さらに榛葉は「これは冗談だけど」と笑いながら言った。「日本酒巻き返しのチャンスはここだよね。成人の日が終わったら、一斉にキャンペーンすればいいんですよ」――飲食店は総じて、成人の日をピークに冬場の売上げが低下していく。不安な気持ちでいるところへ、「お宅は料理の売上げが落ちていませんか、それは焼酎のせいですよ」と脅しをかける。さらに「やっぱり料理を活かすなら日本酒です」とやれば飲食店は飛びついてくるはずだ――。

榛葉は、「だけど日本酒が焼酎に負けるのも、いいことかもしんないね」と言った。その真意を質すと、「おかげで日本酒の蔵には負け組がたくさんできた。その負け組が何を考え、何を打ってくるかが俺なんかには興味深いの。緒戦で負けても二戦目に勝ちゃええんだもん。日本酒はこれからが再スタート、正念場だよ」

日本酒のライバルといえばワインもある。こいつがまた酒屋で大きな顔をしている。ちなみにワインは日本酒より消費総量で下位だ。なのに日本酒より偉そうにしているのは、どういうことなのか。昔、「金曜日にはワインを買って」などという、ちょこざいな小市民啓蒙CMがあったが、日本人にワインを飲む意識が芽生えたとしても、まだまだ日常の酒の座につくまでには至っていないはずだ――もっとも、ソムリエ気取りの、鼻持ちならんワイン党は確実に定着してしまったが。それにしても、あの、のさばりようは何なのだ？　どうにも合点がいかぬ。

「ウチもけっこうワインはあるけど、年間を通してみると、売れるのはボージョレ解禁のときくらいですよ。ワインの固定ファンなんて、日本酒に比べるとずっと少ない。けどイメージは日本酒よりずっといいんだよね。残念だけど」

ワインの商法で見習うべき点がいくつもある。まずはヴィンテージの発想だ。

「同じ醸造酒なのに、どうしてワインだけ当たり年があるんだろうね。同じブランドでも値段が違うわけでしょ」

これを持ち込めば、それまで売れなかった商品にもチャンスが出てくる、と彼は言う。仮に今年の米が最高だとして、二〇〇四年の酒は一升で二万円という高い値がついたとする。ランクの下がった〇三年のは七〇〇〇円としよう。

「二万円の酒は高いと思われても、セカンドラインなら七〇〇〇円ですと言えば値ごろ感が出てくるんだよね。ウチなら七〇〇〇円のから売れるだろうな。こんなことは大手メーカーじゃできないだろうけど、酒に自信のある地酒メーカーならできると思いますよ」

ラベルと瓶の問題も何とかしてほしい。榛葉はうんざり、という顔になった。

「日本酒は中身はいいんだけどルックスが悪すぎるよね。うまい酒なのに、若い女の子がラベルのダサさとか、一升瓶のデカさを敬遠して買ってくれない」

伝統的な日本酒ラベルは色使い、デザインともキッチュで捨てがたい。それなりの存在理由がある。問題は最近のラベルだ。

「ヘタクソな墨文字で書きゃいいってもんじゃないのよ。あれはかえって没個性だね。それに酒は口にするもんなんだから、うまそうなラベルを考えないと」

口惜しいけれど、やはり外国ワインのラベルのほうがデザイン的に優れている。縦書きと横書きが入り混じり、そのうえに漢字と二種類のかな文字、おまけにローマ字まで動員する日本語は確かにバランスが取りにくく、デザイナー泣かせだろう。だが榛葉は「かっこいいも大事だけど、デザイナーさんは、飲んでみたいなという本質を重視してほしい」と念を押した。

前章でも触れたが容器の問題は、販売現場で大きな問題となっている。一升瓶の役目は終わった、という意見も方々で聞く。しかしポスト一升瓶の七百二十ミリリットル＝四合瓶でも、日本酒とワインではボトルの曲線が微妙に異なり、ここでもワインに軍配が上がる。瓶の色目も、同じグリーン系を比較したら明らかに日本酒のほうが安っぽい。ワインではないが、グラッパなんぞは実に美しい造形のボトルだ。焼酎だって意匠を凝らしたものがあり、九百ミリリットルの五合瓶も使っているではないか。日本酒で美しいボトルといえば……浅学非才な私は『小鼓《こつづみ》』くらいしか思い浮かばない。

「メーカーはすぐにリサイクル問題を出してくるけど、俺に言わせたら思考停止してるだけなんだ。瓶のことなんて考えたこともないいんじゃないのかなあ。これでいいと思ってる間は、絶対によくなりませんよ」

さらに日本酒の場合は、四合瓶につけられた定価が、一升瓶の半額という割高な設定のものが多い。

「一升瓶はお徳用サイズになっちゃっている。喜ぶのは飲食店くらいじゃないかな」

静岡といえば『開運《かいうん》』『国香《こっこう》』『初亀《はつがめ》』『磯自慢《いそじまん》』『喜久酔《きくよい》』……思わず喉が鳴る銘酒の産地だ。そういう土地にあって、榛葉は「日本酒大好き」が高じ、「日本酒の現状打破」のため、酒のプロデュースにも乗り出す。『逆切』という酒を世に問うたのだ。

「『ぎゃくぎれ』って読んでください。焼酎へ走り、酒に見向きもしない世相、一部の怠慢な日本酒メーカーに対する宣戦布告ですよ。味はもちろんだけど、ラベルもボトルも今までにないものにします」

また彼は懇意の浜松駅前にある居酒屋店主と組み、その店をステージに三十種類を超える日本酒を揃えてアピールしている。ここはチェーン展開の店なので統一メニューがある。本来は一店だけが目立つ行動をしてはいけない。だが榛葉は、「あのメニューの日本酒じゃお客さんがかわいそうだで」と一蹴し、果敢な〝掟破り〟をさせた。果たして客の反応は上々で「おいしい日本酒がいっぱいある居酒屋」として以前より繁盛しているという。私は榛葉の心意気やよし、と支持したいが、こんな彼の心意気を「酒屋風情がなにをしても世の中は変わらない」と揶揄したり嗤う同業者、酒造関係者もいるらしい。日本酒を愛する彼の想いを理解できない日本酒業界が、しみじみと哀しい。

酒を知って、酒を売る

「日本酒」を看板商品にして繁盛しているのは、榛葉の店だけではない。私が訪ねた酒屋では、札幌市内北区の「銘酒の裕多加《ゆたか》」が年商二億二〇〇〇万円、同じ札幌東区の「マルミ北栄商店」は四億円近い売上げを達成していた。両店では、客が酒選びに迷ったら、いくつもの瓶を持ち出して唎き酒を奨める。たった一本の酒を買う客に、こういうサービスを提供できるというのが彼らの強みだ。店が主宰する試飲会も度々開いている。本来はメーカーや問屋、あるいは酒造組合がやらなければいけないような、地道な啓蒙活動を彼らが担当してくれている。そんな姿勢が繁盛の源だと感じ入った。

マルミの若井諭《さとし》社長は八〇年代半ばに脱サラして酒屋となったという。彼は、「うちは一貫して、売るというより日本酒を知ってくださいというスタンスだね」と笑った。いまは父と一緒に店に立つ三十一歳の息子も、「接客していると、若い人の反応がとてもいいんです。特に女性の感性が際立っています。ウンチクなんかより、まずは味の良さを感じてくれるんですよ。これまで日本酒のおいしさを知らなかっただけに、彼女たちは素直に驚きますね。やり方さえ間違えなければ、若い人もちゃんと日本酒の良さを理解してくれます。日本酒は必ず復活できると思う」と頼もしい。

彼らが中心になって結成した「北都千国会」には道内三十一の酒屋が集まっているが、いずこも〝町の酒屋〟でありながら、日本酒を核にして億単位の商いをしている店が少なくない。どの店のスタッフも日本酒を理解し、愛すること人後に落ちない。その気になれば、日本酒は売れるのだ。

中でも強烈な印象を受けたのは、「裕多加」の熊田裕一《ゆういち》社長だった。ここの店は札幌市の外れにあるうえ、一方通行の道路が複雑に入り組んでおり、近所にランドマークもなく極めて立地条件が悪い。それでも、引きも切らずにお客さんがやってくる。熊田は二代目だが「オヤジの頃は雑貨屋でした。酒はついでに売ってるようなものでした」と話す。彼の二十五歳になる娘は、〇四年の春から市内で洒落たショットバーを思わせる内装の日本酒店を経営している。

「酒屋の酒知らずってのは、本当のことなんです。酒の銘柄をどれだけたくさん知っていても、そんなの自慢にもなんにもならないですからね。問屋が持ってきた酒を並べ右から左へ売るなんて、誰にだってできます。お客さんに対して詐欺を働いてるようなものですよ」

熊田の真骨頂は、自ら蔵に出向いて酒づくりの現場を実見することにある。味を確かめ、杜氏と話し、経営者の人となりを知ってから酒を店に置くかどうかを決める。

「銘柄だけに頼って商売をするのは簡単なんです。だけど知名度が高くても、まがい物は世の中にいっぱいありますからね。特に日本酒はちょっと油断したり、手を抜くとすぐ質に影響が出ます。そういう意味でも、私はいつも扱う酒の動向には目を配っているつもりです」

熊田本人は酒を飲まない。体質的に受け付けないのだという。それでも酒が好きで仕方がない。香り、味わい、風情、つくり手の想い……すべてに優れた、日本の食文化の結晶だと信じている。

「呑まない分、舌と鼻はずいぶんと修練させていただきました」

彼の唎き酒の実力をまざまざと知らされたエピソードを紹介したい。私が彼の店で、ある酒蔵の経営者を交えて歓談していたときのことだ。

市内の他の酒屋が一升瓶を片手にやってきた。熊田に「鑑定」してもらいたいものがあるのだという。私も知っている石川県の純米吟醸だった。値段は四〇〇〇円近い高級品だ。

「うちのお客が、この酒が酸っぱいというんだよ。俺はそんなことないと思うんだけど、どうかな?」

その店の客は、いつもパック酒を呑んでいるが、年に一回だけこの酒を買っていく。誕生日なのか、それとも結婚記念日か。とにかく特別の日の酒なのだ。熊田はさっそく猪口に酒を満たし、香りから唎き酒をはじめた。ずーっ、ずーっと空気を吸い込み舌の中で酒と絡ませる。彼は頷いた。

「うん、確かに酸っぱい。あんたのところのお客さんの言うとおりだ」

居合わせた別の地方蔵の経営者も唎く。

「別に悪い味はしませんけどね。これくらいなら充分に許容範囲じゃないですか」

熊田は自分の店の冷蔵庫から同じ酒を持ってきて栓を抜いた。今度は両方を唎き比べる。皆が車座になって酒を啜った。地方蔵の経営者が真っ先に「確かに酸度が少し立って味が角張ってますね。でもこの程度の誤差を指摘されると、ちょっとつらいところもあるなあ」と苦笑した。私のような舌オンチには計り知れぬ、微細で繊細な味の世界だ。しかし熊田は真剣な表情のまま呟いた。

「これとあれじゃ、同じ酒でも全然味が違うよ。お客さんは騙せない。別の酒と取り替えて差し上げなきゃいけないよ」

しかもこれには後日談がある。メーカーに問い合わせたら、純米吟醸のうち一本のタンクだけ発酵が進みすぎてしまったのだという。メーカーでは濾過用の炭を使って「酸っぱい」味を消し、自社の山廃の純米酒をブレンドさせて味の調整を試みた。これなら大丈夫だと市場に出したのだが……熊田のような目利きにかかれば、一発で見破られてしまう。熊田の憤慨ぶりは、いかにも彼らしいものだった。

「こういうことがあるから安心できないんです。せっかくお客さんは年に一回の楽しみで買ってくださっているのに。もう来年からは別の酒をお買いになるかもしれない。ひょっとしたら日本酒を見切ってしまわれる可能性だってあるんですから」

彼のような酒屋がいるというのが頼もしいし、客は酒選びのパートナーを安心して任せられる。蔵も緊張感を持って酒を醸すことになる。だが熊田は笑いで照れを隠しながら言った。

「いやあ、私は本当に商売下手ですから。こんなことに目くじらを立ててないで、どんどん酒を売ればいいいんですけどね。だけど私は銭金を稼ぐより、お客さんにうまい酒を呑んでいただいて喜んでもらいたいんです。それで一家と従業員がおまんまを食べさせていただければ、もう何にも言うことはありません」

悪しき酒が良き酒を駆逐する

「はせがわ酒店」は都内江東区北砂にある。東京でも有数の日本酒を扱う店だ。〇三年度には八億二〇〇〇万円の年商をあげている。

私が、はせがわ酒店を取材したのには理由がある。この酒販店が全国的に高名だということ、売上高の大きな酒屋だという点はもちろん、極めてマスコミからの信頼が厚い酒屋だからだ。雑誌が日本酒特集を組むとき、はせがわや「小山商店」「味ノマチダヤ」といった店が販売店リストに並んでいるだけでなく、その企画のアドバイザー役も兼ねていることが多い。多くの酒屋はミニコミともいうべき情報発信をしているが、はせがわ酒店が動けばもっと大きなうねりを生じさせることが可能だ。『十四代』や『飛露喜』をはじめ、ここが肩入れして世に出た酒は数知れない。

店へは都営新宿線の西大島から十五分ほど歩く。この辺りは下町にカテゴライズされている。かつて工場地帯だったが、現在では川沿いに高層マンションが立ち並ぶ。稲荷通りという昔ながらの商店街の真ん中あたりに店舗がある。外見はこざっぱりとした酒屋さんという印象だ。二十坪を少し越したくらいの店内で目に付くのは、やはり日本酒だった。品揃えはもちろん、管理も行き届いている。ワインも日本酒ほどではないが、けっこうな数を置いていた。

「今でもご近所にとっては普通の酒屋さんです。中には、お宅ってあんまり焼酎を置いてないのねえ。どうしてなの、なんておっしゃる方もいらっしゃいます」

社長の長谷川浩一《こういち》は五六年生まれで、酒屋としては三代目にあたる。はせがわ酒店の売上げ比は飲食店関連が七割を占め、銀座や六本木、赤坂、西麻布といった地域をメインに新宿、池袋への配送も行う。六本木、神保町それと西大島の隣の大島で居酒屋も経営している。店の三階が事務所で、そこでは売り場よりたくさんのスタッフがパソコンに向かい、電話やファックスの対応に追われていた。

「飲食店さんとの取引は九割が日本酒で、残りが焼酎やワインです。居酒屋は一軒の経営権を譲渡しようかなと考えているところです」

日本酒の景気はどうですか、と水を向けると長谷川は首をすくめた。

「二十二年間、ずっと日本酒のおかげで右上がりの成果を上げてきましたが、ここへきて雲行きが怪しくなってきました。今年の一月に初めて売上げが落ちてしまい、その後も凋落の傾向が下げ止まりません。逆にいいのは焼酎ですね。これは毎月のように倍々ゲームで売れています。日本酒の特集を売り物にしてきた雑誌も今では焼酎一辺倒です」

ちなみに長谷川酒店の〇四年五月の前年度同月比でいうと、日本酒は八六パーセント、焼酎が二〇〇パーセントだった。

「日本酒のファンをたくさん焼酎に取られてしまいました。私としては、日本人は流行りものに弱いから、しょせん浮気しているだけだと思いたいんですけどね。それでもやっぱり、うちの経営している居酒屋でも焼酎の勢いを感じますよ」

長谷川は「いまさら九州の蔵に頭を下げるなんて、軽薄そのものですからね。十六人の社員には申し訳ないけれど、ここはガマンのしどころだと言い聞かせています」と苦笑した。

それにしても焼酎ブームの在り方は、やはり異常だ。ここには、あまりにも日本人の悪い面が出すぎてしまっている――そう嘆きたくなるほど、日本の食文化が停滞し堕落している縮図が、あちこちの飲食店で展開されているのだ。

およそ和風を取り入れた飲食店は、どこもかしこも焼酎の品揃えに血道を上げている。焼酎は日本酒やワインのような、面倒くさい管理の必要がない。冷蔵庫へ入れなくても、そこらへんに放っておいても平気だとされている。本当は焼酎もそれなりのケアをしてやらねばならないのだが、少なくとも日本酒ほどナーバスになる必要はない。そのうえ原価が安い。おまけに割って出すとなると利潤が大きい。同じ値段の日本酒と焼酎なら、三倍近い利益差が出る。榛葉が指摘したように、ボトルで注文されれば延々と粘られてしまい結果は逆になるが、うまくしたもので、たいていの飲食店ではボトルキープできる焼酎が限定されており、ほとんどショット販売だ。

それでもうまい焼酎が呑めるのなら、誰も文句は言わない。焼酎の質の悪化は日に日に酷くなっている。消費量が増えて品質が落ちるというのは、どうしても許せない。

焼酎人気については、健康にいいとか、味にまろみがあって匂いがきつくなくなったなどという「理由」も取りざたされた。だが今は、呑んでいる人もなぜ自分が焼酎を注文しているか判然としないのではないか。焼酎ブームは物事の「本質」ではなく、何か得体の知れない「風向き」にばかり気をとられてしまった結果のような気がしてならない。本書は焼酎批判が本意ではないし、私も焼酎の現場を詳しく取材しているわけではない。だが日本酒に関わる人や場を巡ったここ数年、焼酎に関する「いい話」を一度も耳にしたことがないのはどういうことなのだろう。

どの蔵も増産に次ぐ増産でうれしい悲鳴をあげているという。特にそれは芋焼酎の蔵に顕著だ。松竹梅、サントリーといった大メーカーも芋焼酎の牙城に参入してきた。しかし原料の芋は生産量が限られているため、結果的に入手困難になってしまった。鹿児島や宮崎、種子島などでは地元産の黄金千貫《コガネセンガン》や白千貫《シロセンガン》、紫芋《ムラサキイモ》などが、すでに底をついている。千葉や茨城、埼玉をはじめ全国からサツマイモをかき集めても、現状では追いつかない。中には、中国から冷凍イモやイモをペースト状にしたものを緊急輸入して急場をしのいでいるメーカーがある。はなはだしい蔵になると、ブラジルでつくられた芋焼酎を見つけ、それを混ぜて売りさばいているほどだ。『魔王』や『ちびちび』のように違法と知りつつ、甘味料やヴァニラエッセンスを混ぜた蔵も出て来て摘発されている。

熟成期間も、市場が矢の催促をするから、それほどかけられない。甕の中でゆっくり熟成させるなんて、とんでもない話になってしまっている。法律では「原材料」を明記すればいいだけで、それがどこの産地かを問われない。中国産でも「甘藷」や「芋」で片付けられる。熟成期間も特に法的な規制はない。しかし、芋焼酎を愛する人は、県内産の芋をつかって酒を蒸留し、素焼きの甕に一次仕込みで一週間、さらに二次仕込みで八日間、そのあとも半年は甕の中で寝かしている——という〝幻想〟を抱きながら飲んでいるのではないだろうか。ある酒屋は言う。

「そういう伝統的な製法で芋焼酎をつくっているのは、百社近い蔵のうちでも十分の一以下です」

これらの話の原因はすべて、量を求め、売れるだけ売ってやろうという粗悪乱造に行き着く。かつて日本酒がひたすら石高を増やすことに執着し、その結果堕落していったのと同じ轍を踏んでいるのだ。ただし日本酒は三十年ほどかけてダメになったが、焼酎はその十倍のスピードで坂道を転げ落ちている。

戦犯を探せば、日本酒と同じようにメーカーが悪いし小売店も悪い。マスコミにも重大な責任がある。同時に呑み手の私たちも謙虚に反省しなければならない。思慮も見境もなく、ただバスに乗り遅れたくないためだけに焼酎に群がった事実は消そうにも消せないのだ。もちろん焼酎にも良心的な蔵はある。そんな蔵元や杜氏は、歯ぎしりして悔しい想いをしているに違いない。しかし悪しきが良きを駆逐するのが世の習いだ。

扱いやすくてうまい酒を

長谷川は「なりたくて酒屋になったわけではなかった」。兄が継ぐことになっていたのに、交通事故で亡くなり、仕方なく家業に入った。

「最初はワインを扱うことに熱心でした。日本酒にシフトしたのは、飲食店の経営者さんたちから、あの酒、この酒と言われて対応しなきゃいけなくなったからです」

蔵元の住所録を頼りに、彼の行脚が始まった。そこで日本酒の素晴らしさに気づき、どんどん深みへはまっていった。現在もこの旅は続いている。今も月のうち半分は蔵を回っているという。店にいるときには、逆に全国の蔵元がひっきりなしに彼を訪ねてくる。

「日本酒の弱いところは、なんといってもスター不足ということですね。マスコミに乗ってブームを作ればいいってわけじゃないけれど、やはり日本酒にもスターは必要だと思います。市場を牽引してくれる銘柄がいくつか欲しい。世の中がスローフードブームだというのに、スローフードの最たる酒の日本酒には注目が集まらない。これもフックになる酒がないからじゃないでしょうか」

だがマスコミはなかなか日本酒に目を向けようとしない。たとえば『醸《かも》し人《びと》九平次《くへいじ》』の萬乗醸《まんじょう》造では、ここ数年パリへ純米吟醸酒を持参して、三ツ星レストランをくまなく訪問して歩いている。その結果、いくつかのレストランで「ある部分では白ワインより優秀なところがある」と認められて、三ツ星レストランのシェフから「うちに置きましょう」と快諾を得た。

「これって快挙でしょ。私だって、いかにもマスコミ受けする情報だと思うんですけどね。ところが全然取り上げてくれない。誰も騒いでくれません」

とはいえ長谷川はマスコミ主導のブーム醸成には疑問を抱いている。これまでも再三、「日本酒のため」と思ってマスコミに協力してきたが捗々しい結果は出なかった。彼は自省をこめて語る。

「行き着くところは希少価値、無名の地方蔵の限定商品ということになってしまいますからね。こんな酒、知らないだろうっていう自慢合戦になってしまう。うちだって商売だから全国を回って、そういう酒を発掘していますよ。だけど、読者の方がその酒を呑もうと思ったら、結局は特定の酒屋に注文するしかないわけです。これって酒屋に他意はなくても、読者からは、蔵と編集部と酒屋がナアナアでやってると勘違いされちゃいますよね。そうなったら、記事の信憑性がすごく低くなってしまう。せっかくいい酒を紹介しても、茶番としか理解されなくなってしまうんです」

だから最近では、あまりそういう場に出ないようにしているそうだ。

「焼酎ブームも同じ構造です。私はこのブームが終わると焼酎の消費量は三割減ると睨んでいます。だが、その代わりに日本酒が来るかというと、これの予想が難しい」

ひょっとしたら白ワインのブームになってしまうかもしれません、と彼は予測した。

「だって今まで手付かずになっているのは白ワインだけですからね。マスコミ主導でいくなら、白ワインはねらい目になるでしょう。あの爽やかさ、酸味をアピールしてくるような気がします。それに白はそこそこ安くていいのが揃ってます」

私も高校時代からビールを呑みはじめ、大学では各種安酒の豪飲一辺倒、社会に出てから東京へ来てバブル経済の軽佻浮薄の波間を漂い、二十代の終わりからは鬱屈の塊となって、ひたすら泥酔することに傾いていた。その間にはトロピカルカクテル、酎ハイ、地酒、バーボン、ウオッカとジン、シングルモルト、本格焼酎……規模の大小はあれども酒のブームが押し寄せては消えていった。

「これからは本質論、つまりうまくて安い酒で、比較的簡単に手に入るという重要なポイントを押さえないと、酒の復権は難しいでしょうね」

いい酒の基準は自分が買うかどうか——長谷川は、根っからの酒好きなのだろう、うれしそうな表情で語り始めた。

「一升瓶で三〇〇〇円台が上限かな。できれば二千二、三百円のがいいですね。純米酒には拘泥しない。本醸造のアルコール添加の酒でも、うまい酒はいくらでもあります」

長谷川との対話のなかで興味深かったのは、彼が、アルコールを上手に添加して味と品質を劣化させない技術の向上を訴えたことだ。

「アルコールは料理でいうとダシみたいなものです。化学調味料をどんどん放り込んだ料理は食べられないけれど、うまく使えば米と麹の引き立て役になってくれます。香りも良くなるし、味も引き締まる。それにアルコール添加の効用は、品質管理に神経を尖らせないでも、ある程度の環境なら呑める酒にしてくれるところなんです。焼酎を意識しているわけじゃないけれど、扱いやすくてうまい酒というのも、今後の重要なテーマです」

なるほど……逆転の発想ではないが、確かに繊細な管理を訴えるばかりでは消費者はついて来てくれないだろう。

「地方の蔵は、少々手荒に扱っても一年間ちゃんと品質の持つ酒を世に問うべきなんです」

長谷川は〇四年八月、麻布十番にパイロットショップを出店した。若者やお洒落な層に向け、唎き酒が愉しめる店として展開を図っていく。日本酒復活の兆しを感じ取っての出資、焼酎ブーム終焉を見越した反攻の一手という見方もできる。

「家賃は八〇万円。おそらく当分は赤字続きでしょう。だけど私は、ここで日本酒をアピールしてステイタスを上げていきたいんです。インターネットの時代になって、もう店舗なんて不要なんですけど、それを重々承知のうえで出店という形で挑んでいきます。だってインターネットでは酒の味と香りは実感できないでしょ。日本酒は呑んでもらってこそ、その素晴らしさが分かるものなんですから」

このくらいのことをしないと、長年お世話になっている日本酒に恩返しできませんからね——長谷川はこう締めくくった。

第四章

うまい酒を呑ませる処

寿司屋でワインを飲む人びと

日本料理を出す店といえば高級割烹から寿司、てんぷら、すき焼きから、庶民派の焼き鳥屋におでん、居酒屋、さらには気の置けない家庭料理やおふくろの味を出してくれるところまで実にバリエーションは広い。

昨今では〝新日本料理〟というべきなのか、イタリアやフランス料理のエッセンスだけでなくアジアのエスニック風味を取り入れたものもある。安直さをアピールするつもりか、内装を居酒屋風に設えたところも多い。

ところがメニューを開いてみると、日本酒ではなく焼酎やワインが大手を振っている現実にぶつかってしまう。私はこのことが悔しいし残念でならない。何を食べ、どんな酒を飲もうと自由には違いないのだが、寿司屋でワインを開けている人を見かけると、一度でいいからうまい日本酒を飲んでください——と余計なお願いをしたくなってくる。グルメを気取るつもりはないし、そんな資格もないけれど、やはり日本の料理、百歩下がって〝日本風味の無国籍料理〟にも日本酒が一番よく合う。これは詭弁でも強弁でもない。魚介類や牛・豚・鶏をはじめ鳥、猪、馬、鹿などの獣肉、四季折々の野菜といった素材、さまざまな料理法にかかわらず、この酒の対応能力の高さは折り紙つきなのだ。何しろ米、水、麹の恵みと旨みを最大限に生かした「米からできた酒」だけあって、およそご飯に合う料理なら、全て日本酒もおいしくいただける。日本人なら、西欧料理をおかずにご飯を食べることに何の違和感もないはずだ。これは日本酒にもあてはまる。他の醸造酒と比べても、ビールほどではないが少なくともワインの守備範囲を凌駕している。

さらに個人的な見解を述べさせていただければ、日本酒はデミグラスソース、ケチャップ、マヨネーズといった味付けにも耐えうるのではないだろうか。例外は唐辛子を多用した辛い料理や特別に脂っこい料理だ。キムチでは酒の味が完全に飛んでしまう。焼肉屋の中には、ひたすらドライなだけで味に関しては情緒のかけらもない日本酒を置く店もある。だけど、カルビのこってりとした脂と化学調味料を山ほど放り込んだタレで口中がネチャクチャになってしまうと、そんな日本酒で洗っても追いつかない。

メーカーを日本酒の水源だとすれば、酒屋と飲食店は、河口に住む消費者に最も近い位置にある。中でも飲食店は客がいくつもの酒を試せる絶好の場所だ。おまけに料理も供される。酒と料理、さらには店のスタッフとの幸せな出会いが果たせたら、これに勝るものはない。ところが現実は、なかなか厳しい。

キンキンに冷やした「冷や」

先日、京都へ寄ったので、さっそく食事と日本酒探訪を兼ねて夜の街をうろついてみた。

驚いたのは、かつて老舗のお茶屋や料理屋が軒を連ねていた四条通富小路を下がった一帯に石畳が敷きつめられ、町並みの印象が一変していたことだった。

町家が続くなかライトアップされている店も少なくない。いかにも京都です、と演出された通りをラフな格好の観光客がせわしなく行きかう。小さな歓声があがり、立て続けにフラッシュが光る。何事かと目をやれば、芸妓がこっぽりを響かせて足早に行く。まるで映画のセットのようだ。もう二十年以上前になるけれど、私が同志社の学生だった頃はこれほど浮ついた町ではなかった。いや正確には、貧乏学生には値段や格式が高すぎて容易に近づけなかった。

そういえば、よく似た光景をどこかで見たことがある。記憶をたぐると、金沢の東廓だった。ここも古い町並みを体裁よく整備していて、〝小京都〟とはよくいったものだ。本家も分家も、観光客集めには苦心している。

女性誌に紹介されていたある店に入った。私ごときが「一見《いちげん》さんお断り」の格式高い店に入れるわけはないけれど、それでも割烹に違いはない。

最近は外で飲むとき、日本酒の品揃えに過大な期待を抱かないようになった。店先に一升瓶が並ぶディスプレーを発見し、吸い寄せられるようにして近づけば、それはたいてい日本酒ではなく焼酎だ。少しは酒を揃えてある店でも油断はできない。地酒のナショナルブランドに寄りかかっているだけの店、高価なうえ異様に香り高い大吟醸ばかりを集めた店、やたらと扱う銘柄は多いものの回転が悪くて酒質を劣化させた店……中でもげんなりするのは、調理台の熱気をもろに受ける場所に一升瓶を野ざらし状態にしておいて平気な店だ。蛍光灯も酒質にはよくない。一升瓶を逆さにセッティングしている熱燗マシンが鎮座する店に至っては言語道断だ。燗を機械任せにするような神経では、酒を売る資格はない。

しかし。ここは京都、しかも祇園ではないか。女性誌には「コンテンポラリーな和のセンスに満ちた店内」、「伝統と若々しい感性のコラボレーションで生まれた日本料理」と書かれている。「味もはんなり！　気になるモダンな町家ダイニング」で美味なる清酒を一献――汎日本酒主義を奉ずる私が、舌なめずりしたのもおかしくはあるまい。

ところが。分厚い飲み物のメニューに日本酒はたった四銘柄しか載っていなかった。見開きの片側、わずか三分の一くらいのスペースだ。シャンパンから始まってワインは何ページも費やしているというのに！　シングルモルトや甘ったるいカクテルもあるのに！

しかも。京都の酒、伏見の酒がひとつもない。月桂冠や松竹梅という大メーカーの酒はもちろん、『富翁《とみおう》』『松《まつ》の翠《みどり》』『神聖《しんせい》』『玉《たま》の光《ひかり》』『古都《こと》千年《せんねん》』……ことごとく無視されている。奈良を筆頭に福井、山形、広島と大吟醸が並ぶ。どれも香り高きことで著名な酒だ。「祇園よ、お前もか」と低く呟いたものの、蛇の道はへびということもある。傍らで営業スマイルを浮かべながら傅《かしず》く店員に申し上げた。

「まずはグラスに一杯だけ、ここに並んでいる大吟醸のうちのどれかをいただきましょう。その後は純米酒か本醸造の酒を二合ほどぬる燗でお願いします」

「すみませんが、メニューの中から選んでいただきたいんです」

「本当にこの四つしか日本酒はないんですか。店主や料理人お奨めの酒が隠し球で用意してあるんじゃないですか？　だってここは日本料理店なんでしょ」

「さようでございます、日本料理です。けど日本酒はこれだけなんです」

「…………。ではこの純米大吟醸を〝冷や〟でください」

「かしこまりました」

しかし出てきたのはグラスが汗をかいた、キンキンに冷えた酒であった。

「確か〝冷や〟で、と言いましたよね」

「だから、冷やです。よ～く冷えています」

「…………」

日本酒で「冷や」というのは常温のことを指しているはずだが――後で知ったことだが、最近は冷やの語義が拡大解釈され、温度を低くしたものを「冷や」、冷やしても燗をつけてもいない酒は「常温」と区別するようになっているという。それなら、私と彼の間で意思が疎通しなかったのもむべなるかな。

それにしても「酒はキンと冷やして飲む」という認識が、驚くほど浸透してしまっている。斯界では、七九年に白鶴が出した「生貯蔵酒」がきっかけとなって、酒を冷やして飲む習慣が幅を利かせるようになったといわれている。さらには、香水みたいな酒しか鑑評会で評価を受けない時代が長かったために、地酒メーカーはこぞって芬々《ふんぷん》と匂う大吟醸酒をつくるようになった。香りの強い酒は、それだけで味とのバランスを壊しているから、冷やして飲んだほうが口ざわりがよい。人間の舌は温度が下がると味覚を判別しなくなるからだ。「大吟醸や純米大吟醸は冷たくして飲む」というのは、まずい酒をつくる蔵元と、冷蔵庫に放り込んでおくだけで後は何のケアもしなくていい飲料店の共謀によって世に広められたのではないか。

もちろん日本酒を冷やして飲むという方法論は存在する。しかしこれは常温、ぬる燗、人肌、熱燗……といった温度差のバリエーションをサービスできる店での話だ。何でもかんでも冷えた酒を出すというのは間違っている。うまい純米吟醸酒は冷やしても、常温でも、さらには燗をつけても、依然としてうまい酒であり続けてくれる。

それはともかく——。悲しいことだが、この京都のオシャレ割烹のように、日本酒なんてどうでもいいという姿勢の飲食店が増えている。聞けばここは、三十歳そこそこの年若き主人が切り盛りしているという。オープンキッチンとなった厨房には、寝癖のようにしつらえた茶髪、坊主頭、あごひげ……いかにも当世風の若い職人たちが立ち働いている。主人のみならず職人も、おそらく地元京都の酒を飲み比べたことなどないのだろう。少なくとも日本酒に対する愛情は、かけらも感じられない。

料理は特別にうまいわけではないが、それなりに努力と工夫のあとは窺われた。ただし「ノスタルジック&スタイリッシュ」と女性誌が声高に謳っていても、やはり日本料理の基本は崩していない。ならば、なぜ日本酒を合わせようという気にならないのだろう。一九七〇年代生まれの経営者や料理人——子供の頃の〝好きな料理〟はカレーにハンバーグ、ラーメンという世代——にとって、それほど日本酒は魅力に乏しい酒なのか。

勘定を済ませて立ち上がると、容器を持つ指が痛くなるほどに冷やした酒を平気で〝冷や〟と言い放った、くだんの店員が、別席の女性たちに嬉々とした表情でワインリストの説明を講じていた。

おそらく、この日、この時間に日本国中の日本料理店で同じようなことが繰り広げられているのだろう。私はつくづく日本酒の置かれている現実が悲しくなってきた。

対照的にワインという酒は本当に果報者だ。

これは東京・青山での話だが、私はまたぞろ、お調子者の本領を発揮して〝ヌーベル・シノワ〟を売り物にする中華料理店に出向いた。ニューヨークで食す新感覚の中華料理という、よく意味のわからぬコンセプトの店だった。しかし店内は若いカップルや、ホステスを同伴していると思しき、妙齢で派手なご婦人と向かい合うオッサン、間違いなく経費で落とすはずの中年サラリーマンの一群などで満員だった。酒のリストはそのままワインとシャンパンのオンパレードで、日本酒はもちろん紹興酒、老酒、白酒などの中国酒もそこには載せてもらっていない。

リストを睨んで唸っていると、ソムリエがそっと近づいてきて滔々《とうとう》と解釈及び説明をしてくれる。慢性的に金子不如意な私の場合、こういうときは値段ばかりが気になるのだが、ハウスワインのカリフォルニアの赤でも六五〇〇円、お奨め銘柄の価格帯だとフランス、イタリアを問わず八〇〇〇円から一万円ラインだった。五〇〇〇円以下のワインがない！　上を見上げればそれこそ天井知らずで、スクリーミング・イーグル、ロマノコンティ、ユルツイガー・ヴユルツガルテンなど名前しか知らないワインがいくつも並んでいた。

そっと周囲を観察してみると、まだ二十代前半と思しき若者が、彼女の手前ということも大いにあるのだろうが、一万円を少し切るワインを注文している。経費丸抱え軍団は豪勢に銘酒をポンポン開けて、リーデルのバルーングラスの根元を摑んでくるくる回していた。きゃつらは、日本酒もこのようにして飲んでくれているのだろうか。いや絶対にそんなことはないだろう。もったいぶったソムリエの御託宣を拝聴し、日本酒と同じ四合（七五〇ミリリットル）瓶を恭しくテーブルに置き、恋しい彼女と料理を味わい、酒を愉しむ（しかも大枚を酒に投じることを惜しまずに！）。もちろんそれは料理との相性、予算、雰囲気に合わせて選ばれる。店のスタッフもそのために最大限のサービスを提供してくれる。

現在の日本でこのような境遇にあるのはワインだけだ。日本酒の四合瓶、いわんや一升瓶を傍らにして、愛を語るカップルがどこにおろう。まして日本酒に一万円を払う御仁は見当たるまい。だがワインはそれを見事に実現している。汎日本酒主義が昂じ日本酒原理主義者に近づきつつある私としては、本当にワインが羨ましい。妬ましい。悔しい。だからことさら冷たくワインに当たってしまう。ワインに比べたら日本酒はまことに不憫だ。どこでこんなに差がついてしまったのか、と声を大にして叫びたい。

しかし——結論は明白なのだ。メーカーが、酒屋が、飲食店が、そして消費者が日本酒をこんな酒にしてしまっている。かつては国酒とまで呼ばれた酒を、語るに足りぬ地位にまで貶《おとし》めてしまったのだ。

八百本の日本酒が待つ店

ところが、捨てる神があらば拾う神あり。日本酒をこよなく愛し、うまい日本酒を供してくれる飲食店も立派に健闘している。

最初に紹介するのは宮沢とおるの店だ。

彼は今年三十五歳だが、ちょっと見はもっと若い。二十代といっても通用する。おまけにロンゲの茶髪だ。彼が渋谷や池袋西口でうろついていても違和感はあるまい。こんなアンチャンに酒のことが分かるのか？　初めて来たときは、入る店を間違えたかなと心配になった。だが彼の接客態度や酒の知識、酒への愛情などに触れてすべての不安が消え去った。店内では、しょっちゅう、あちこちから「とおるちゃん」という声がかかっている。彼は「もっとどっしりしたの」「香りがよくて、うまみのあるやつ」「この肴にあうの」「何でもいいから、お奨めのをちょうだい」などという勝手気儘かつ難しい注文を、てきぱきとこなしていく。

おまけにこの店は値段が安い。厚手のガラスコップに、きっちり正一合入った銘酒が驚くような価格設定で供される。平均して、六本木や西麻布の気取った店の七掛け以下というのが私の値踏みだ。だからいつも満員で、常連でも予約が必要という。ふらっと気の向いたときに入れないというのが残念だが、この店なら仕方あるまい。

扉を開けると、まず左手の壁すべてを埋める巨大な二つの冷蔵庫に驚く。両方ともびっしりと、しかも整然と一升瓶が並ぶ。ガラス張りの冷蔵庫は横二十列、縦八列が一段分で三段ある。さらには隣の氷温庫にも二百本が控えており、両方で八百本近い酒が出番を待つ。とおるは、どこに、なにがあるかを完璧に把握している。大きな松尾大社の神棚も目に付く。店の面積は二十坪、そのうち冷蔵庫がかなりのパーセンテージを占めている。客席は三十ほどだが、補助椅子が出て五十席になることも度々だ。中二階というかロフトもあり、そこには十五人近く座れる。以前は店からあぶれた客が、外で飲んでいたが、近所から苦情がきて「外呑み」禁止になっている。壁に目をやると彼の手書きで『大信州』『山法師《やまほうし》』『龍勢』『くどき上手』『鍋島《なべしま》』『九平次』『南《みなみ》』『鶴齢《かくれい》』『七田《しちだ》』……さまざまな酒の名が並ぶ。知っている酒を見つけてニヤリとし、知らない酒には興味をそそられる。思わず喉がぐうと鳴ってしまうのは、酒呑みの浅ましさだけではない。

この店を親子が二人きりで切り盛りしており、厨房を母、店内を息子が担当する。午後六時の開店から十二時過ぎまで、二人は休む暇もなく働く。とおるは、「母とたった二人でやっているから、人件費の分を酒に回せます。だからこの値段でやっていけるんです」と言っていた。

改めて店内を見渡すと、調度は野暮ったいし、お世辞にも都会的でカッコいい雰囲気とはいえない。隅から隅まで磨かれてピカピカというわけでもない。しかし、ここは心休まる温かさに満ちている。

とおるは、酒の初心者だけでなく一家言を持つツワモノも、アンチ日本酒派でさえ納得させてくれる。百近い銘柄の酒一本一本が細やかな心遣いで保管されており、それぞれの個性とうまい飲み方を店主がきっちりと把握しているのがうれしい。しかも彼は決して知識を押し売りしたりしない。およそ酒通が集まる店には独特の雰囲気があって、それがよからぬ方へ強調されると偏狭なものになってしまう。席に座るや否や「越乃寒梅！」などと注文したら、酒通を気取った先客たちが眉を顰《ひそ》めて顔を寄せ合い「おい、寒梅だってよ」と囁く。店主もしたり顔で「お客さん、うちはそんな酒を置いていないんだよ。だいたいねえ……」と講釈を始める――しかし、とおるはそのようなことを絶対にしない。彼のモットーは「酒の入り口をどんなことがあっても閉じない」だからだ。

「うちへ来ていただいたお客さんには、とにかく日本酒のことを好きになっていただきたいんですよ。一回でも入り口を閉じてしまうと、それを乗り越えてまで入ってくるお客さんなんていませんからね。これで日本酒ファン候補生が一人なくなってしまう。最初は雑誌に載ってる有名な酒から飲み始めていいじゃないですか。それが気に入ってもらえても、たとえダメだったとしても、僕にとっては大きなヒントですからね。これが好きなら、あの酒を、アウトだったら全然違う呑み口のこっちを薦めてみようかなと、次の作戦を考えるのも楽しいんですよ」

誰でも最初は門の外からおずおずと日本酒の世界を覗き込み、その魅力に触れることでファンとなっていく。

「僕はいつも日本酒の世界の入り口に立っています。絶対に奥へはいかない。酒って、どうしても掘る穴が深いというか、マニアックになってしまうんですよね。そうなると知らず知らずの間に自分の好みをお客さんに押し付けてしまう。酒のすごいところは、いろんな味のバリエーションがあって、幅が広いところだと思うんです。だから僕も間口は広くとっておきたいんです」

そういえば、とおるは「僕の選んだ酒だから」という調子で酒を奨めることはない。『富久長《ふくちょう》』を醸す広島の今田酒造と組んだ『とおるすぺしゃる』というオリジナルブランドもあるが、これも客へ無理強いしていない。酒は嗜好品なので、同じ銘柄でも人によって評価や好みは違ってくる。私も普段は香りの強く立つ酒を敬遠しているが、汗の滲む季節に、そういう酒をきりりと冷やして一献やると、素直にうまいと思う。夏には酸が勝った、爽やかな酒もいい。そのくせ秋になってくると、無性にぬる燗が恋しくなって、うま口でどっしりとした酒を求めている。自分でも、まことに勝手なものだと思う。

「お客さんがどんな酒を好きそうなのかは、短い会話から情報を取捨選択するしかないんです。何しろ従業員は僕だけだから、一人のお客さんのところで長っ尻はできません。リクエストがなければ、ぱっと浮かんだ酒を出してみる。だから今でも失敗することはありますよ。この酒、いいなあと僕が思っていても、お客さんから全然反応のない酒もあるんです」

中には延々とビールばかり飲む客もいる。

「ビールなんか飲まないでくださいよって言いたい。言いたいけど言わない。言えない」

日本酒党には、何が何でもこの銘柄一本槍という客もいる。そういうときに困るのは、お気に入りの酒が切れてしまったときだ。

「なるたけラインの近い酒、似た風合いの酒を出してみるんですけどね……ダメなんだな、これが。お客さん、もういいやってビールを飲み始めちゃう。こういうときって、俺、落ち込んでしまいますねえ。もうちょっと俺に営業センスというか、うまい話術があるといいのにねえ……店が終わるといつも反省ばっかかですよ」

彼の日本酒に対する視線は実に優しい。日本酒博愛主義者だ。だが、その彼にも譲られない一線がある。

「これは重要なことなんですけど、酒を商っている以上は、名前が通っていても売れない酒はダメです。一週間様子をみて売れない酒はもう次の週から置かない。飲食店にとっていい酒の大事な条件は、お客さんが喜んでくれる酒、つまりは注文の多い酒です。でもそういう酒がまずかったり、造りが中途半端ということはないですね。結局いい酒がお客さんに支持されています」

蛇足だが、とおるの店では日本酒以外の酒もほんの少し置いている。ビールはヱビスだけだ。焼酎は純米焼酎が一種類あるのみで、これは『山法師』を醸す地酒蔵の六歌仙がつくっている。私はこの蔵の若き専務と懇意にしていただいているが、正真正銘、気合を入れてうまい酒をつくっている蔵だ。

「ビールは軽く喉の渇きを癒すために一杯って感じですね。あとはひたすら日本酒を呑むお客さんばかりです。ビールなんか目もくれずに、最初からいきなり純米系、山廃系のどっしりしたのから始めるお客さんもいますよ。焼酎はほとんど出ないな。うちに焼酎があることすら知らないお客さんも多いと思う」

ちなみに料理のメニューは、ひたし豆、きんぴら、塩らっきょうといったちょっと摘むものから、三浦大根のような旬の野菜、メバルの煮付け、刺身、焼きうどんまで必要最低限が押さえてあって、酒呑みの腹を満足させてくれる。厨房で腕を振るう母親の民子は、ときおり店内に鋭い視線を送って目配りを怠らない。

とおるがこの店を始めて五年になる。もともと民子が別の場所で地酒の店を始めたのが二十七年前、十年前にはその下のフロアでもう一軒の店を始め、とおるはそこから経営にタッチしている。現在の場所へ移ってきたのは九九年だった。

「だけど僕は日本酒が大嫌いだったんです。だってまずいんだもん。匂いを嗅ぐのもやだったですね。おまけに酔っ払いはもっと嫌い。だから水商売なんか、絶対にやるつもりはなかった。今も、自分ちじゃなかったらやってないかもしんないですね」

母子の二人家族だから店は手伝っていた。しかし、母のお供で買出しに行くときも酒屋の中には入らず前で待っていたくらい、日本酒を敬遠していた。

「それが変わったのは『十四代』を呑んでからですね。日本酒に対する考えがあれで一新されました。華やかな香りがあって、ハチミツみたいにとろりと甘くて、それでいてキレがいい。他の酒みたいに妙に臭くないのがよかったし、バカのひとつ覚えみたいに端麗辛口の時代に、こういう酒が出てきたことがショックでした」

さらに「僕の酒のお師匠さん」と公言して憚らない人物との出会いも大きかった。

「東京でも有名な酒屋の鈴傳《すずでん》のおやじさんです。『十四代』を呑んで、これなら俺も日本酒をやってもいいって生意気なことを言ったんです。おやじさんからは、あれは甘いんじゃなくてうまいんだって、さっそく最初のお小言を頂戴してしまいましたね」

鈴傳は日本酒を愛してやまない筋金入りの酒屋だ。場所は東京、地下鉄銀座線の虎ノ門駅を上がったところ、金毘羅宮の近くにある。今ではすっかり〝地酒の銘酒〟として有名になった十四代だが、鈴傳はごく早い時期にこの酒をプッシュした酒屋のひとつだ。鈴傳は店舗の脇で直営の酒場もやっている。立ち飲み専門で、扱っているのは十五、六銘柄くらいだろうか。ここも値段が良心的で、ビール会社のコップといたって容器は武骨で無風流だが、容量は正一合以上はあろう。酒は地下の保冷庫から一升瓶を持ってきて、開けた分はその日に売り切る。もちろん燗もやってくれる。

「『十四代』に惚れたのはいいけど、最初は全然お客さんがついてくださらなかったですね。意気込んで出してみても、甘い、香りが強すぎるの連続でした」

とおるは鈴傳のおやじさんことお師匠様に、「この酒じゃダメみたい」と言ったら、またぞろ叱られた。

「売れないのを酒のせいにするやつがあるか。酒は悪くない。お前に信用がないから、お客さんが飲んでくださらないんだ」

これでとおるは目が覚めたという。

日本酒を扱う飲食店にとって大事なのは、能書きや理屈に強くなることではない。最初は数銘柄からでもいいから、まず自分が酒を好きになり、酒を知ろうと努力することだ。人付き合いと同じで、こちらから心を開かなければ関係を深めることはできない。そこから、ゆっくりと焦らずに進んでいく。見映えや体裁、流行、権威などを追っても、最終的に得られるものは何もない。愚直に、ただひたすら酒のことを考える——それしか方法はないんじゃないか——こう、とおるは考えている。お師匠様から受けた薫育の数々は、とおるの身体に沁み込んでいる。極めつきは次のひと言だった。

「日本酒は庶民のものだ。安くて、うまくなきゃいけない。お前のところは変に格好をつけちゃいけない。大衆酒場だってことを胸に刻みつけておけ」

熟成させてから客に出す

とおるの店は土曜と日曜を定休日にしている。しかし酒の仕込みがあるから、休みであって休みでないというのが実情だ。ある土曜の夜、かなり遅い時間に訪ねてみたら、とおるが次々に一升瓶をチェック中だった。唎き酒をして、味と香りを確かめて簡潔なコメントにまとめる。これを「週代わりメニュー」にまとめて店に出す。

仕込み時には、たいてい百本近い酒を冷蔵庫へ収める。週五日の営業で、百本以上の一升瓶を客たちが飲み干し、さらにもっと多い数の酒の封が切られる。回転が速いということは酒を置く店にとって大変重要なことだ。日本酒は、おそらく世界中でも一、二を争うくらいにデリケートな酒で、照明や温度、さらには封を開けた後の時間経過によって大きく味が変化してしまうからだ。彼の店の照明がうすぼんやりとしているのも、酒のことを考えてのことだ。

「毎週、必ず新しい銘柄を仕入れています。来週は八銘柄を出してみる予定です。一年で通算したら五百銘柄くらいは扱ってるんじゃないかな。その中で生き残るのが五十から百ほどですね。定番というか、年中切らさないのは五十銘柄ほどです。繰り返しになるけど、僕ら商売人にとっては売れない酒は具合の悪い酒ですから。そういうのは有名銘柄でも外していきます」

もっとも、売れなくても惚れた酒はこっそりと冷蔵庫の隅で熟成させる。そうやって客に出すと、意外と反応がよくて敗者復活することも度々らしい。『十四代』と並ぶ第三世代の有名銘柄『飛露喜』がその典型だ。

「酒好きのお客さんになるほどガンコでしょ。人気の酒は意地でも呑まない。呑んでも絶対に褒めない。飛露喜なんかは雑誌で騒がれて幻の銘酒扱いされたから、余計に反発を食らっちゃうんですよ。本当は熟成させるということイコール冷蔵庫を占領するってことだから、おふくろなんかはすごく嫌がるんです。だけど熟成させて味が落ち着き、バカ騒ぎも一段落した頃になると、お客さんも素直に呑んでくれますね」

酒は最終的に自分の舌で選ぶが、他薦、自薦も大いに受け入れる。

「酒は必ず酒屋さんから買っています。たくさんの蔵ともルートがあるし、友だちづきあいしている蔵元も少なくないけど、直の取引はしません。蔵と直取引してしまうと酒屋さんが儲からないでしょ。酒屋さんとの取引は掛売り一切なし。すべて現金払いです」

とおるは、日本酒にかかわるすべての人が幸せになってほしいと切に願っている。蔵元、酒屋、消費者、それに飲食店も含めたすべての関係者が幸せにならないと、日本酒はもっともっと悪い状況に置かれてしまう。

とおるの店でうれしいのは、冷やしたものから常温、燗まであらゆる温度のリクエストに応えてくれることだ。

「温度管理が一番気を遣いますね。うちの酒がぜんぶ冷蔵庫に入っているのは、冷やして呑んでもらうためじゃありません。あくまでも品質を落とさないためなんです。常温の方がおいしい酒は、必ず元に戻してからお出ししています。吟醸系でも燗にしてうまいのがあるから、そういうのもフォローしないと」

そのために彼はいろんな工夫をしている。私が最初にこの店に来たときは、お湯を張ったアロマポットが出てきた。ここにコップを浸して好みの温度に燗をするわけだ。最近ではおでんの鍋にあらかじめコップをつけ温めてある。冷やした酒も熱せられたコップに注ぐことで常温になる。

「でも、まだまだ日本酒の良さが理解されていないと思いますね。というより、理解以前の状態の人が多い。多すぎます。やっぱり日本酒に裏切られている経験が痛手になっているんじゃないかな。だって世の中に出回っている日本酒の中で、うまいのは三割くらいでしょ。石を投げたら、まずくて臭い酒に当たるのが現実ですから。だけど酒のことを知らないお客さんや、誤解しているお客さんが多いからこそ、僕なんかはファイトがわいてくるし、この商売はおもしろいと思ってしまうんですけどね」

彼は、三十代半ばを中心にして、それより低い年齢層にも日本酒ファンが確実に増えていることを実感している。

「うちでも若い女性たちが日本酒を呑んでくれるようになっています。蔵や酒屋も代替わりの境目で、新しく家業を継ぐ人たちは僕くらいの年齢ですからね。そういう人たちとよく話をするんだけど、想いは同じって感じを強く受けます。だけど日本酒の黄金時代が来るまでに、僕らがやっておかなければいけないことが本当にたくさんあるんですよ」

それは――「酒蔵はもう金輪際、まずい酒や臭い酒をつくってほしくない。今は真剣に酒をつくる地方蔵が増えてきたけど、また売れ出すと、何をしでかすか油断がならないんですよ。だからこれを念押ししておきたい」

蔵には、もっと個性的な酒をつくってほしいという注文もある。

「呑んで、すぐに銘柄が分かるというのは重要なことなんです。日本酒にもそれくらいの個性があっていい。というのも、今のお客さんは全然ブランドを覚えてくれません。この前のあれ、すごく香りのよかったやつ、なんて感じで注文しますもん。これって、やっぱり問題があると思う。好きなブランドができるというのは、それだけでファンになってくれたということですから。どの蔵も同じ風味というのだけは絶対になってほしくないです」

飲食店も責任が重大だ。

「酒のことを分かる人がもっと、もっと必要ですよね。入り口を狭めないで、お客さんを日本酒の世界へ誘うことのできる人が。僕もまだまだ半人前だけど一所懸命にやっていきます」

さて、肝心の店の名前と場所なのだが、とおると民子の強い意向で割愛させていただきたい。私がいくら頼んでも、こればかりは譲ってくれなかった。住所は東京・目黒区にあるビルの一階、東急田園都市線の渋谷駅に近い駅で下車する、というのが最大限の譲歩だという。

「大衆居酒屋ふぜいが本当に生意気で申し訳ないです」と彼は恐縮する。

「本や雑誌に掲載されて新規のお客さんが来ていただけるのはありがたいのですが……おふくろの目の黒いうちは、絶対にそういう浮ついたことを許してくんないから。それに、うちはおかげさまで繁盛させていただいてて、常連さんでもお断りすることが多いんです。ごめんなさい。本当にすみません」

とおるの店のような飲食店が、決して一般的ではないことは、私だけでなく多くの読者も認めるところのはずだ。それは、いかに私たちがいい酒と出会うチャンスに恵まれていないかということでもある。

とおるも強調しているが、「いい酒＝高い酒」では絶対にない。値段の安い酒にもうまい酒はいくらでもある。何も純米吟醸や大吟醸ばかりに目をやらなくていい。普通酒や本醸造クラスにも喉が唸るうまい酒は多い。

およそ飲食店の価格というのは、材料費や光熱費、家賃、人件費など幾多の要素から成り立っている。その条件は店によってさまざまだろう。しかし約《つづ》めて言えば、値段の是非は客が決めるものだ。ただ、利潤のことだけを考えて酒の質を落としてほしくはない。つまりは、安いけどうまい酒を探す努力を怠り、安いだけでまずい酒を店に置いてしまうから、事は悲劇へ向かって一直線になってしまうのだ。

チェーン店の居酒屋を覗くと、若者や女性だけのグループ、サラリーマンたちで満員だ。渋谷や新宿、池袋には、信じられないような安価な店もある。彼らがここで何を求めているのか。そういった客たちが料理や酒、雰囲気、サービスなどすべてに値段相応の「そこそこ感」を求めているとしたら、哀しいことだが店と客の間に不毛な相互理解が成立していることになる。店は客をなめている。だから最初からまずいと分かっているけど、仕入れ値の安価な酒を出す。私も、生老《なまひ》ね香《か》がついた酒や、べちゃべちゃとした甘い酒、逆に炭酸水のようにドライで味わいのかけらもない酒など、悪酒の見本市に紛れ込んだ経験がある。こんな酒を飲んだら、「日本酒はまずい」という認識が刻み込まれるのは当然だ。

客も悪い。「ひどい酒を出しやがって」と憤慨すべきなのだが、その気もないのだから。いや近頃の客は、ハナから日本酒になんか見向きもせず焼酎を飲んでいるか……。

お燗の温度ほど気を遣うものはない

頭を低くして地下の貯蔵庫に入る。天井までは一・五メートルくらいの高さだ。広さは二坪ほどか。ひんやりとした空気が、先ほどまでいただいていた酒の火照りを冷ましてくれる。『鷹勇』や『神亀』『ひこ孫《まご》』『寶壽』『香露《こうろ》』……壁をぐるりと取り巻いた酒棚には、百銘柄を超す酒が並んでいた。ワイン好きなら、一度はワインセラーやワインカーブを設えたいと夢想するのと同じで、汎日本酒主義の私もこういう貯蔵庫が欲しい。

「日本酒は出来たてが一番なんでしょうけれど、中にはしっかりと熟成させたほうがおいしいのもあります。ここは私の実験室で、気に入ったお酒を三年、五年と寝かせてあります。年をふるんです。悪ガキみたいな子も、熟成させるとすっかり落ち着いて丸みが出てきます。年を経る毎に封を開けて、これは飲み頃だ、この味はちょっとおもしろいというときにお客様へお出しするんです」

東京・人形町の酒亭「きく家《や》」の女将、志賀《しが》キヱは私の隣でこう話してくれた。四八年の一月一日生まれというが、化粧気のない肌は弾力に富んでいるし、少し高めの声が若々しい。

「七五年に同じ人形町の共同ビルの地下で最初の食堂をやったときは、ビールとウイスキー、それに沢の鶴さんのお酒しか置いていませんでした。日本酒を一つの蔵しか扱わなかったのは、私がまだお酒のことをよく知らなかったこともありますし、お店の近くに沢の鶴さんの東京本社があったからなんです」

それでも女将は沢の鶴に、「一種類だけでなく、いくつか種類の違うお酒を」というリクエストを出している。「物を知らないというのは、無鉄砲ですから」と女将は笑う。当時はまだ特級、一級、二級の級別があった時代で、基本的に灘の大メーカーは二級酒をつくっていない。地酒はもちろんその頃から存在したが、全国区ではなく地元で消費される酒を醸していた。築地や北新地の超一流料亭でも灘の生一本、しかも特級酒を置いているだけで充分というのが半ば常識だった。

「沢の鶴の特級と一級酒に加えて、辛口の酒があって、しばらくしたら本醸造原酒というのが出てきて、うちに置くお酒のバリエーションが増えました。当時はお酒を注文されたときに、どんな種類にしますかとお聞きするお店は少なかったんです。たいていのお客さんが、あれって顔をなさいましたね」

まだ三十歳前だった彼女は、正直いって酔客の相手をするのは苦手だった。話の接ぎ穂が見つからないからだ。しかし「お酒を選んでいただくというのが、私にとってまたとない接客トークになりました。お酒の種類の違いについて知っていることをお話ししただけだったんですけどね」

やがてこの店は場所を移転し、現在のきく家に発展していくわけだが、女将の日本酒への傾倒もその強さを増す。

「幸い親方（夫で店の厨房を切り盛りする志賀真二《しんじ》）もお酒が大好きですから、お料理と相性のよいお酒をお出しするように心がけております」

いい酒とは「包容力のある酒」と女将は言う。料理を食べ、酒を呑む。そのとき酒が前面へ出て主張するのではなく、すっと引いて料理の味を包み込めるかどうかが肝心だ。酒は立派な個性を持たねばならぬが、決して料理を邪魔してはいけない。この難しい役どころを引き受けられる酒が「包容力」のある酒だ。

「人間と同じで、やたらとしゃしゃり出る酒は、どうも……」

当然、女将も酒と料理の相性はもちろん、うまく酒が呑め、酒がよいところを発揮する条件を見極めて宴席に供する。

きく家の客は九割が接待だという。酒亭とはいうが、割烹、料亭といっても間違いではない。コース料理がメインで、当然、値段も張る。私のような者が再三お邪魔できる店ではない。しかしここで供されるのは、紛れもない銘酒たちだし、それ以上に女将の日本酒に対する姿勢がうれしい。彼女の案内で、日本酒の幅の広さ、奥の深さを知ることができる。話が後先になってしまうが、贅を凝らし厳選された材料でつくられる料理の味、酒の肴はかくあるべしという適度なボリュームもまた、日本酒好きの心地よいツボを要領よく押さえてある。

何より、女将が日本酒を愛していることが伝わってくるのがうれしい。とおるの店とは、客層や雰囲気が異なる店だが、そこに通底する日本酒への想いは同じだ。

私は例によって調子に乗り、あれこれと無理難題を女将に押し付けたが、彼女は莞爾《かんじ》と微笑むや、すぐリクエストに答えてくれた。

「平均すると、お一人で三、四合はお飲みになるんじゃないでしょうか。日本酒は悪酔いするし、まずいから嫌だという方でも、お連れがおいしそうに杯を開けてらっしゃるのをご覧になっているうちに、ビールだけ飲んでいるのがバカらしくなるんでしょうね。いつの間にか日本酒に代えていらっしゃいますよ。お酒嫌いの方を宗旨替えさせてしまうのも、私のような酒好きの楽しみですねえ」

きく家ではまず、最初の一杯として活性純米酒を出す。『刈穂《かりほ》』の「六船《ろくしゅう》」という活性酒で、きりっとした口当たりが食前酒にふさわしい。量は少なめだ。シャンパンがなくとも、これで華やかに宴席をスタートすることができる。

「二杯目は少し香りのある大吟醸か純米吟醸ですね。日本酒の極みは洗練されたところ、つまり味の深みと呑み口の透明感にあると思います。変に香りが高い酒は、そのあたりのバランスが壊れてしまうんです。醸造用アルコールを添加したお酒か、そうでない純米酒かの選択は、お客様の舌の好みを探りながらお出しします。純米だと腰が強すぎて重く感じられることがありますからね。その点アルコールを添加したものは、まずは無難に万人向けということはいえるんじゃないでしょうか」

以降、出てくる料理との相性、客の好みを照らし合いながら、さまざまな日本酒の味わいを体験できる。中には、「きく家でしか日本酒を呑まない」という客もいるという。この店が選んだ酒なら安心という気になって当然だろう。しかし汎日本酒主義を奉ずる者としては、「他の店でも呑んでください」とお願いしておきたい。

ちなみに私は『三井《みい》の寿《ことぶき》』『鷹勇』と進み、さらに『鷹勇』の特別純米、『ひこ孫』『豊盃《ほうはい》』『豊《とよ》の秋《あき》』とハイピッチで飲み続け、「もっと、もっと」と駄々をこねて、『寶壽』の純米吟醸を女将が七年寝かせたのをいただき、「これはうまい。燗をつけたらこの酒はさらにうまくなるはずだ。燗、燗をつけてください」と酔眼を鈍く光らせた挙句に、お銚子を何本も空けた……日本酒の現状を憂い、未来を語るはずだったのが、ただの節操のない呑み助になってしまった。

かように無様で、どうしようもない呑んべえの無体にも快く応じてくれる女将だが、彼女がプロとして「絶対に譲れない」のが燗酒の温度管理だ。

「冷蔵庫に入れておいたお酒をお出しするのなら、これはビールと同じなんです」

女将は食堂時代に母から、「納豆と生卵は口銭《こうせん》を乗せちゃいけない」ときつく言われたそうだ。材料を選ぶのもプロの技だが、買って来たものをそのまま皿に移したものに儲け（口銭）を乗せては客に申し訳ないということなのだ。

「そういう意味では燗のつけ方にこそ、日本酒をメインにする店の強い想いや技術が生きると思います」

年々蒸し暑くて過ごしにくくなる日本の夏ではあるが、程よくエアコンの効いた部屋でいただく〝ぬる燗〟は本当においしかった。口当たりはまろやかなのに、舌を滑り喉を通るときにはしっかりとした酒の力を見せつけてくれる。米と麹でつくった酒という、本来の情緒がじんわりと滲み出るのだ。

私は本書で「うまい酒」と「まずい酒」の二元論を軸に、「香りのきつい酒」を忌避する方向で話を進めてきた。しかも「うまい酒」と「まずい酒」を分ける境界線としては、風味や香りだけでなく、蔵元と杜氏の酒づくりの志、姿勢をも重ねて語っているつもりだ。そこにプラスして――きく家やとおるの店で痛感したのだが――〝燗上がりする酒〟も「うまい酒」の大事な要素としたい。きく家の女将は言った。

「燗の温度ほど気を遣うものはありません。だから私は必ず温度計で測っています」

そういえば、とおるも頻繁に温度計を使っている。「だって温度が命ですから」と彼は真剣そのものだった。

「きく家では錫の燗徳利か、寸胴《ずんどう》ナベに備前の徳利を浸して温めています。備前焼を使うのは、これがいちばん温度が冷めにくいからです。熱燗のほうが伸び伸びとした味わいの出る酒を、どうしてもぬる燗で、というご要望にはいったん五十度の熱燗にしたものを自然に冷ましたものをお持ちします。そうするとお酒もうまみを出し切ってくれます」

きく家では、仕事を終えた女将と大将が、ちょっと一杯となると必ず燗酒にするという。「ホッとするというか、心の和む呑み方ですね」

これは大事なことだが、しっかりとつくった酒でなければ燗には耐えられない。燗上がりする酒は、熱燗にしても風味のバランスが崩れず、冷めて燗ざましになったとしてもうまい。酒の味わいが温度とともにゆっくりと変わっていくのは、何とも趣深いことではないか。逆にまずい酒は、特に熱燗にしてしまったら、独特のアルコール臭というか揮発性の匂いが鼻につく。こんなものは、頼まれても呑みたくない酒だ。

酒問屋の大手・国分でも取引のある酒蔵と一緒になって、錫のチロリや燗床など酒を温める道具を再認識するように動いている。酒造組合中央会でも燗酒の復活をアピールしてやまない。チロリには独特の風情があるし、燗床や壺、湯煎する酒燗器なども捨てがたい。こういう道具を見せれば客の興味もわく。ひたすら冷たくして供するのだけが能ではない。

ただし——これは前にも書いたが、暖簾をくぐったとき、給水器みたいな機械に一升瓶を逆さに突っ込んだ〝燗付けマシン〟を発見した場合、私は踵を返して出ていく。この機械とてハイテクを導入して温度管理に抜かりはないうえ、洗浄をまめにすれば独特の異臭も消えるし、生ビールのディスペンサー程度の働きはしてくれるらしい。だが一事が万事だ。この機械を置くような店が日本酒の繊細さを理解しているわけがない。第一、客があの酒、この酒と燗付けの注文をしようにも、逆立ちしている一升瓶しか燗が付けられないではないか。また酒呑みは気まぐれだから、ぬる燗といわれて四十度前後で出しても、もう少し熱いほうがいいとか勝手なことを言うやもしれぬ。あの機械はそういう微妙なリクエストに対応できるのか。

最も熱くて五十五度くらいの「飛び切り燗」から五十度前後の「熱燗」、さらに下がって「上燗」「ぬる燗」「人肌燗」と来て三十二、三度の「日向《ひなた》燗」と、日本人は酒を温める温度にいくつもの段階を設けている。それぞれの燗の五度ほどの熱さの差で味わいも異なってくる。酒を温める技術を修めたら、堂々と勘定につければいい。プロのノウハウをもって、うまい燗酒を提供していただけるのなら、頑固者でアマノジャクな私であってもよろこんでお金を払う。

ついでに書くと、酒の飲用温度はもっと細分化されている。日向燗より酒の温度が低いのが、かつては「冷や」と呼ばれた常温だ。常温より低くなるにつれ、十五度ほどが「涼《すず》冷え」、十度を目安とした「花冷え」、五度ほどの「雪冷え」と続く。こういうネーミングにも、日本酒の培ってきた食文化と美意識が見え隠れしている。

杯を重ねるごとに酩酊の度を深める私だが、女将のこの言葉は聞き逃さなかった。

「お酒好きの方は、ちょっと依怙地になっていらっしゃるところもあります。一つの銘柄に固執されたりします。そういう方には、私から軽くジャブを出すといいますか、ちょっと別のタイプを――という具合に遊びを入れさせていただくこともあります。そうすることで日本酒の味の幅を知っていただきたいし、何と言っても、おいしいお酒をお出しすることは、またそのお客さんに来ていただくことに直結しますから。いいお酒がお客さんを呼んでくれるんです」

第五章

日本酒のゆくえ

うまい「普通酒」をつくりたい

○四年七月は異常気象のうえ、新潟や福井で降雨による大災害があった。新潟の想天坊は幸いにも難を逃れた。しかし蔵が土砂で崩壊してしまったり、浸入してきた泥水に難儀を強いられている蔵もある。豪雨が降る少し前に常務の河内は、「この夏に新潟で二軒の蔵が酒づくりをやめてしまうそうです」と残念そうに話していたが、状況によってはさらに廃業や休業するケースも増えそうだ。○三年も東日本では米の作付けが順調とはいえなかったが、今年は水害の被害が心配だ。せっかく育った稲が流されてしまった田も多いと聞く。

福井市で『常山《じょうざん》』を醸している常山《とこやま》酒造は、蔵が浸水したものの被害は小さかった。しかし天災を凌ぐ不幸が常山酒造を見舞った。七月半ばに社長の常山英朗《ひでお》が四十八歳の若さで逝去してしまったのだ。杜氏の栗山雅明《まさあき》と二人三脚で酒を醸し始めてやっと三シーズン目、ようやく今年あたりから酒に個性を出せるというときだっただけに、さぞや無念に違いない。存亡の危機に直面した栗山は、痩身からふり絞るようにして「奥さんを中心にしてがんばっていく」と力強く語った。蔵人は栗山を合わせて四人、年間四百石の小さな所帯だが何とか奮起してほしい。何よりも彼が、日本酒は必ず復活するという信念を持って酒づくりをしているのが心強い。

「日本酒が希望を捨てずに踏ん張らなきゃいけないとき、自分が杜人として蔵の皆を引っ張っていく立場にあるというのが偶然とは思えないんです。逆にファイトがわいてきますね」

これまで見てきたように、日本酒はいくつもの要因が絡まり錯綜しながら低迷を続けている。それにしても——年率にして五パーセント前後も消費が減少しているという事実は、一般企業に擬すればただ事でないことが分かってもらえよう。そこから這い上がるのは決して容易なことではないが、何人もの関係者たちが希望を捨てずに苦闘を承知で挑んでいる。私は一意専心する彼らの姿勢に共感を覚えるからこそ、何とか日本酒が消え去らずにすむ方策を探ってきた。

栗山は日本酒復権のための明確な方向性を持って酒をつくっている。しかし、その具体的な指針を聞く前に彼のユニークな経歴を紹介したい。

栗山は日本酒に魅せられ、その深淵に自ら飛び込んでここまで来た——という人物だ。彼は五四年に浜松市で生まれ、家業は自動車整備工場だった。中日本自動車短期大学を出て、その後は実家で十年にわたって自動車整備工として働く。栗山のおもしろいのは、「日本酒や料理が好きで仕方ない」という理由で家業を捨て、「京三」という居酒屋を始めたことだ。ここは十二年も続いたが、彼は店を畳んでしまう。なぜ、という質問に「酔っ払いの相手をするのが嫌だったんです」と煙に巻く栗山だが、真相は「日本酒の深さに触れるにつけ、どうしてもつくってみたくなった」からだ。そのとき彼はすでに四十路を越えていた。

日本酒というのは、人を深みに嵌《はま》らせてしまう魔性を持っている。栗山は魔界に分け入って後戻りができなくなった典型的な人物といえよう。かく言う私も、気がついたらすでに片足がぬかるみの中に入り込んでしまって抜け出しようがない。

最初に見習いとして入った蔵は常山だったが、彼は郷里の静岡に戻って『喜久酔』の青島酒造の門を叩く。以降八年間で米を炊く釜屋、さらには酛屋、麹屋をそれぞれ担当し（この世界では醸造の各段階を担当する者に〝屋〟をつける）、杜氏に継ぐ頭まで登っていった。だが季節労働者だったことに違いはなく、夏場はアルバイトで凌いでいた。最初の妻と別れたのも、「酒が原因です。こんなことを言うとアルコール依存症みたいですが、もちろんそうではありません。いい年をして酒づくりに魅せられてしまった僕を、女房は理解できなかったんでしょうね」という経緯がある。

「常山に呼んでいただいたのは、社長のご好意に甘えさせていただいたからです。蔵が今の女房の実家のすぐ近くというのも再び福井市へ行くきっかけになりました」

栗山が素人時代から日本酒に親しんだ最大の要因は、「うまい酒、それも普通酒にめぐり合えたから」だ。だからこそ現在も「うまい普通酒をつくりたい」という姿勢を堅持し続けていて、「スーパーレギュラー酒による日本酒復活」を掲げている。〝レギュラー〟とは業界用語で普通酒のことだ。そういえば彼が酒づくりのノウハウを学んだ『喜久酔』も、このクラスの〝日常の酒〟が実に充実している。栗山は語る。

「今や普通酒は大メーカーの専売特許のような状況になっています。僕はこれが地方の蔵の逃げでしかないと言うんです。小さな蔵が普通酒を見放し、あたかも大メーカーに譲ってしまったような形にしたから日本酒はおかしくなってしまったんじゃないでしょうか」

大メーカーは普通酒を紙パック容器に入れて攻勢をかけ成功を収めた。おかげで現在も揺るぐことのない主力商品だ。同時に大メーカーのパック酒は地方蔵の普通酒を圧迫している。安価な値段と及第点の味に、多くの消費者はパック酒を選び、地酒の普通酒に見向きもしなくなった。行き場を失った地方蔵は大吟醸や純米酒に活路を見出した。それを充分に踏まえつつ、彼は言う。

「吟醸や純米酒づくりもいいんですが、だからといって普通酒を安い酒と見下していいわけがありません。うまい吟醸酒をつくれる蔵こそ、その技術を活かしてもっとうまい普通酒をつくるべきなんです。僕は逆に価格の安い酒をうまく醸せない蔵が、いくらがんばっても吟醸クラスで結果は出せないと思います」

そういえば想天坊や大信州の普通酒は大好評を博している。確かに普通酒といっても杜氏は決して手を抜かない。やはり力のある蔵は、栗山の指摘するように普通酒もちゃんと醸している。しかし、ほとんどが地元で消費されてしまうおかげで、なかなか都会で口にできないのが残念だ。

普通酒は日本酒全体の中で七割から八割を占めている。日本酒には多種多様なバリエーションがあるものの、法律的にはまず「普通酒」と「特定名称酒」という二つのカテゴリーに大別される。特定名称酒はさらに本醸造酒、特別本醸造酒、吟醸酒、大吟醸酒、純米酒、特別純米酒、純米吟醸酒、純米大吟醸酒の八つに分類される。

普通酒と特定名称酒の境界線は、長らく精米歩合と醸造アルコールをはじめとする添加物の有無によって区分されていた。だが第一章ですでに書いたように、純米酒の精米歩合枠が取り払われてしまった。少しややこしいが、純米酒以外の特定名称酒のうち精米歩合が七〇パーセント以下と規定されているのが本醸造酒だ。精米歩合が七〇パーセントより高く、つまり特定名称酒より米を磨く歩合が低くて、アルコールやほかのものを添加していたら普通酒になる。とはいえ、良心的な蔵では八分搗きや九分搗きのような黒い米を使ってはおらず、だいたい七〇パーセントを少し上回るくらいの精米をしているはずだ。

普通酒には醸造用アルコールを添加したものと三倍増醸ブレンド酒（三増酒）の二種類がある。普通酒はラベルに普通酒と明記していないケースがほとんどで、単に「日本酒」や「清酒」としか書かれていない。二つの普通酒の見分け方は原材料名だ。アル添酒には「米、米麹、醸造アルコール」と明記してあるが、三増酒は「米、米麹、醸造アルコール」ときて「糖類」あたりで終わっているものが多い。ここに明記された糖類とはブドウ糖や水飴、白糠糖化液などのことだ。三増酒の中には「酸味料、調味料」と続く酒もあって、酸味料として乳酸、コハク酸、クエン酸、リンゴ酸などの有機酸が、調味料としてアミノ酸の一種のグルタミン酸ナトリウムが添加されている。

飲み屋で特に「吟醸」とか「純米」と指定しない限りは普通酒の出てくる確率が高い。ただ特別に安い酒の場合には、さらにアル添酒と三増酒をブレンドしたものもある。業界ではこれを

「低価格酒」とか「下撰」と呼んでいるが、そういう酒を呑んでみると、後々まで舌に化学調味料のような味が残って仕方がない。おまけに要らざる添加物が多いから量を飲むと悪酔いする。

こんなことを書くと、どうも普通酒というのは、米を磨かずに混ぜものを施したまずい酒と思われてしまいそうだが、決してそうではない。いや実際にはろくでもない普通酒もある。しかしそれは唾棄すべき純米酒や大吟醸があるのと同じ理屈だ。このことに話が及ぶと、栗山の口調はさらに熱を帯びていく。

「そんな悪い酒というイメージをお客さんに植え付けたのは誰かって言うと、結局は僕たち日本酒をつくっている側の責任なんですよ。パック酒には価格でかなわなくても……そうですね、少しだけ値が張るけれど圧倒的においしい地酒の普通酒があれば、お客さんは戻ってきてくださるはずです。それに今は香りの強い酒より、うまみのある酒が見直されつつあります。普通酒の米の精米歩合が高いということは、それだけ米のエキスが残っているということなんです。上手につくりさえすれば普通酒は本当にうまい酒なんです」

多すぎる日本酒の「種類」

普通酒の話題の流れに乗って酒の区分について書いたので、ここで酒の種類についてまとめておきたい。

前述したように、日本酒というのは指を折ると、普通酒を含めて九種類ということになる。これは旧来の特級、一級、二級という区分を廃止するのに伴って新たに法制化されたもので一九九〇年に決まった。級別制度が完全になくなったのはその二年後だ。

もっとも読者の多くは、日本酒が普通酒と特定名称酒に分けられると聞いて、少なからぬ疑問を持つはずだ。実際に酒屋へ行くと、とても九種類では収まりきれない酒が棚に並んでいる。私も類別や名称の多さ、大袈裟さ、収拾のつかなさに戸惑うばかりだ。例えば「増田盛・さけのこころ・純米大吟醸・しずく酒・生」といった具合のネーミングの酒が闊歩している。「増田盛」は銘柄で、「さけのこころ」は吟醸酒のシリーズにつけられたサブネームだ。普通の増田盛ではありません、という意思表示とみてよい。基準や規定がきっちりと決まっているのは、特定名称酒としてのカテゴリーの「純米大吟醸」だけだ。「しずく酒」や「生」というのは上槽の方法や瓶詰め酒の状態をいい、蔵が差別化や商品価値のアップを意図して製造している酒であることを指す。

まず特定名称酒について述べよう。特定名称酒には「原料を吟味して製造された清酒で、色沢が良好なもの」という条項があり、米は「酒造好適米あるいは食料米であっても三等以上の水稲粳玄米」と規定されている。吟醸酒には「固有の香味」という一文もつく。

「本醸造酒」は、材料の精米歩合が七〇パーセント以下の白米と米麹と水、それに醸造アルコールも加わる。ただしその量が規定されていて、白米一トンあたり一二〇リットルまでだ。普通酒は一二〇から二八〇リットルまで認められている。

本醸造酒は普通酒と違ってラベルに「本醸造酒」とプリントされているが、私に言わせればその差が判然とせず、純米酒とアル添の普通酒の間の中途半端なポジションにいる鬼子のような存在だ。メーカーの意図としてはかつての二級酒が普通酒で、本醸造は一級クラスということなのだろう。だがこの思わせぶりなネーミング、さらには特定名称酒という〝上級酒〟の中に組み入れていることといい、普通酒に少しだけ手を加えているだけなのに、すごい差別化をしているように見せかけて売ってやろうという思惑を感じてしまう。しかも、この上には「特別本醸造酒」という精米歩合六〇パーセント以下の酒もあって、余計に事態をややこしくしている。何だかボクシングや柔道の細かな階級みたいだ。スポーツの場合は体重格差によるハンディ解消という大名目があるが、酒にこのような区分は必要なのだろうか。

私見としては、まず普通酒のレベルアップを目指してアル添の普通酒と三増酒をはっきりと分けてほしい。常山や想天坊、大信州の普通酒はアルコール添加してあるだけだ。次いで、本醸造酒や特別本醸造酒の枠を取り払って普通酒にしてしまえばいいと愚考する。業界は純米酒の精米歩合を撤廃して「米だけの酒」も純米酒と認定したのだから、道理としては本醸造酒とアル添普通酒の一本化も通るはずだ。いずれにせよ、栗山のような杜氏が増えて普通酒が大きくレベルアップし、消費者も普通酒＝パック酒という意識から脱したら、本醸造酒は立場を失って消えてしまうのではなかろうか。それとも業界の顰《ひそみ》にならえば、普通酒をなくして三増酒と本醸造酒にしてしまおうということになるかもしれぬが……。

「吟醸酒」というのは〝造り〟に着目した名称だ。吟醸酒づくりは昭和初期から始められたが、市場でブームを起こしたのは、地方蔵が注目された八〇年代を経て九〇年代のとば口あたりだった。元来は鑑評会というコンテスト用の酒で、市場に出る性質の酒ではなかった。いわばF－1クラスのレース専用ハイパフォーマンスカーというわけだ。それがマスコミの波に乗ったことと、普通酒の売上げ激減で窮地に立った地方蔵がこれに活路を見出し販売し始めたので急速に普及した。

とはいえ現在の吟醸酒は、F－1レーサーそのものが市販され公道を走っているわけではない。やはり「鑑評会用の吟醸酒」というカテゴリーがあって、ごく少数が生産されコンテスト以外の場に供されることはほとんどない。だが売られている吟醸酒には、それでもポルシェやフェラーリといったスポーツカーくらいのずば抜けたポテンシャルを持ったものがたくさんある。普通酒をフィットやヴィッツといったコンパクトな大衆車としたら、両者は設計思想から使用目的まですべて違うから比較をしても仕方がない。ただこういったスポーツカーに注ぎ込まれた技術やノウハウは必ず大衆車レベルにも影響を与える。事実、吟醸づくりが盛んになったことで、日本酒づくり全般の技術や質の急速な向上、酒に関わる人々の意識変革があったのは間違いない。「現在は日本酒の歴史の中でいちばんレベルの高い時期」と皆が胸を張るのも当然のことだ。

吟醸造りの「吟」は吟味に由来する。より白く搗《つ》いた米を低温でじっくり、ゆっくりと発酵させる製法は細密な工夫と注意が必要で、杜氏の腕のみせどころだ。他の酒とは異なる特別仕立ての造りは、原料米の処理の段階から始まっており、さらに吟醸酒専用の優良酵母、丹念な発酵管理、吟醸酒専用設備、酒粕の割合が高いなどという点に見られる。醸された酒は「吟香」あるいは「吟醸香」と呼ばれる芳香を持つ。世にいう〝フルーティーな香り〟を漂わせているわけだ。

元来、米はブドウとは違ってこのような芳香を出さない。吟香は酵母の力に由来するもので、そのためにさまざまな研究が行われた。工業技術を使って作為的に香りをつける「ヤコマン」が開発されたのも、吟香を付けたいがための悪あがきのひとつだ。ヤコマンは発明者の山田正一と彼の研究に関わった菰田、真野の頭文字から命名された。正式名は「醪欠減防止装置」という。醪は発酵する際に芳香を出すが、揮発性のうえタンクの蓋を開けて醸造するので外へ逃げてしまう。揮発する芳香成分を回収装置で採取し、それを芳香の強い液体（ドレン）にして再び酒に添加するわけだ。もっともヤコマンで付けた香りは、悪臭に近い果実臭なのですぐに分かってしまう。またこの技術に限らず不自然に香りの強い酒は、秋まで熟成させるとその成分が悪さをして酒質を損ねることもある。

吟醸酒重視、吟醸香ブームの裏には鑑評会の存在も大きい。全国新酒鑑評会から地方の品評会に至るまで、吟香を強調するためにチューンアップした酒で埋まる。会場のドアを開けたら鼻を衝く香りに噎《む》せ返り、思わずたじろいでしまうほどだ。審査員は酒を口に含んだだけで、呑まずに戻して良し悪しを決めるから、どうしても上立香の強いものが上位に入る傾向は否めない。日本酒が持つ味わい、奥深さ、うまみ、含み香、返り香などは採点しにくいわけだ。しかも近年は鑑評会金賞の価値がたいへんに大きいわけで、自ずと市販される酒にも香り重視という風潮が強くなる。これもまた、日本酒の抱える課題といえよう。酒蔵としての本義は、飲んでうまい酒にあるはずだ。審査員だけでなく、出品する蔵も真剣にこのことの是非を考えていただきたい。

吟醸酒は四つに区分される。米と米麹だけでつくるグループとアルコールを添加したグループだ。精米歩合五〇パーセント以下で、米と米麹だけでつくったのが純米大吟醸、アル添をすると大吟醸になる。大吟醸にアルコール添加の技がぴたりと決まると、香りが際立ち、味もすっきりとするが、失敗したら最初のひと口、ふた口で充分、残りはまったく持て余してしまう。

同じ吟醸造りで精米歩合が六〇パーセントまで下がると、それぞれ純米吟醸、吟醸という名になるわけだ。価格は高い方から純米大吟醸酒、大吟醸酒、純米吟醸酒、吟醸酒という順番になろう。蔵によっては純米大吟醸酒と大吟醸酒のランクが逆のところもある。その下には特別純米酒、純米酒、特別本醸造酒、本醸造酒という具合に続く。ただしこれはあくまで価格の順番にすぎない。『想天坊』のように、吟醸クラスの香りと実力を持った酒なのに、アルコールを添加せずに特別純米酒にして出す蔵も存在する。どの酒を選ぶかは呑み手の好みだし、蔵の酒づくりの指針をよく吟味しなければいけない。

特定名称酒の区分はなかなか分かったようで理解しにくいものだ。この問題を解決するためのアイディアを、第三章で登場した入野酒販店の榛葉が教えてくれた。榛葉はいつもの口調で語った。

「この前もさ、いかにもパンクロックをやってるようなアンチャンが来てくれたのよ。革ジャンに、耳にいくつもピアスしたようなさあ。まあ、どっから見ても日本酒の初心者だで、これはちゃんと対応して日本酒ファンになってもらわにゃいかんと、俺も張り切ったんだ」

パンク青年はまず「純米酒と本醸造はどう違うんですか」と訊いてきた。

「純米酒というのは濃いルーのカレーだで。本醸造はカレースープ。この違いが分かる?」

青年は要領を得ない顔をしている。

「純米酒は材料の本来のうまみが生きとる。本醸造がカレースープなのはカレーの風味を強調しながらも、ちょっとアルコールで薄めてあんの」

「じゃあ大吟醸は?」

「カレーを粉からちゃんと丹精こめて作って、二日ほど寝かしたもんだ」

「純米大吟醸ってのは?」

「これになると一週間は寝かしたくらいの値打ちがあるね」

こう説明すると、たいていの客が納得してくれるという。パンクのアンチャンは純米酒を買っていったそうだ。

もっとも日本酒業界は、これだけの区別で商品をラインナップしていない。最初にサンプルとして例示した、「増田盛・さけのこころ・純米大吟醸・しずく酒・生」のうちの「しずく酒」や「生」に相当する表現が実に多い。山廃、生酛については第一章で書いたが、新酒と古酒、ほかにも生酒と生貯蔵酒さらに生詰め酒、原酒と無濾過、メーカーによっては超特撰、特撰、上撰、佳撰という区別もしている……百花繚乱、試行錯誤、支離滅裂の様相を呈している。

このていたらくの原因は、ひとえにメーカー側の思惑に集約できよう。吟醸酒は「最高」とか「究極」、「至高」といった、私からすれば鼻白むような形容をされ、むやみに賞賛されることが多い。最近は言葉のインフレが進んで「超」「激」「カリスマ」などが、ごく普通に使われ特別感を喪失してしまっている。ハレが日常化してしまうとケになるわけで、吟醸を商売するにもそのプレミアム度が目減りしてしまった。そこで差別化のために苦肉の策として生まれたのが、多種多様な名称だ。

呑み手としては選ぶ愉しみが増えるのも事実だが、混乱にいっそう拍車がかかることも否めない。

「つくりたて」の落とし穴

「新酒」は秋の季語になっている。

毎年七月から翌六月までを製造年度として、例えば平成十六年度にできた酒を〝16BY〟と称しているのだが、最近は上槽した年の秋まで待たずに六月末までに出荷する酒を「新酒」と呼ぶことが多い。ここにも混乱の種がある。

酒づくりの最終工程である上槽、つまり搾る作業を経て醪は酒と粕に分かれる。しかしその後も発酵は完全に止まらず、微々たる作用だが糖化やアミノ酸分解などを続け風味を形成していく。これを調熟作用と呼ぶ。さらに酒は加熱殺菌の火入れを経て秋口まで熟成させたものを生詰めし、まずは「ひやおろし」として店頭に並べられる。この絶妙なタイミングをはかって世に問うのは蔵元のセンス、それを間髪いれずに味わうのが日本酒好きの醍醐味といえよう。

とはいえ——私自身を含め猛反省をしなければいけないのだが、どうも昨今の日本人ときたら「生」や「新鮮」「若さ」ばかりに価値を置きがちだ。日本酒だって新酒や生酒、生原酒、中には「今朝しぼり」などと称するものが、まだ寒い時期から大手を振って闊歩している。かくいう私も、つい手にとって吟味してしまったりするから始末が悪い。

だが澎湃《ほうはい》として湧き起こった観のある〝つくりたて〟の酒、その延長上にある生酒、原酒ブームには商業主義の臭いがぷんぷん漂う。ちょこざいなボージョレ・ヌーボーじゃあるまいし、日本酒をつくる側、味わう方とも毅然たる精神と行動の錬磨に励み、良いものだけが生き残るという本質論を忘れてはならぬ。ちなみに「生酒」は加熱殺菌の目的で通常二回する火入れを一回もしていない酒、「生貯蔵酒」が火入れせずに貯蔵して出荷前に火入れする酒をいう。逆に火入れした後に低温熟成させ出荷時に火入れしない「生詰め酒」もある。「原酒」というのは醪から搾った酒に割り水をしていないアルコール濃度の高い酒だ。原酒には火入れの有無は関係ないから、「生貯蔵原酒」もあれば「生詰原酒」も存在する。

また新酒や生酒の中には、生老《なまひ》ね香《か》を発するものもあるから注意が必要だ。生老ね香とは、生酒の保存中に発生するもので、これがまた不快極まりない。初心者なら一嗅ぎで日本酒が大嫌いになるだろう。

生老ね香は生酒が古くなる過程で酵素が悪さをして生じる。これは出荷する蔵だけでなく、酒屋の管理や私たちの購入後の扱いの問題でもある。酒というのは毎年、毎年が真剣勝負のうえ、製造中の僅かな気の緩みや流通過程で生じた齟齬《そご》が致命傷となってしまう。消費者は、しっかりした蔵と酒屋を吟味しなければいけない。

新酒に対する概念は熟成した酒になる。巷ではそれが「古酒」というわけだが、これの明確な定義が存在しない。とはいえ三年、五年、十年……クラスでなければ古酒は名乗るべきではなかろう。私は『銀河《ぎんが》鉄道《てつどう》』の十年低温保蔵したものや『天狗舞』の山廃吟醸、『手取川《てどりがわ》』の古酒ならぬ〝古古酒〟などをいただいた。いずれも長期熟成ならではの奥深い味を堪能できた。何より、歴史を経た酒というのはそれだけでストーリー性を持つ。この妙味と付加価値は捨てがたい。ただ価格は当然のことながら高い。日常の酒として呑むのはちょっと無理だ。これが日本酒復権の決め手になることはあるまい。だが、日本酒の奥深さという点ではおもしろい方向性という気がする。好事家やロマンティックな気分を求める人、ちょっと気取りたいときなどには格好の逸品ではなかろうか。

細分化された趣向で戸惑ったのは「無濾過」だった。最初に聞いたときは「室香」だと勘違いしてしまい、麹室かどこかで特別な芳香がついた酒なのかと思っていた。もちろん無濾過はそういう意味ではなく、活性炭濾過をしていない酒を指す。活性炭を使うのは不純物を取り除くためだけでなく、酒についた色を取り、いやな香りも除くためだ。「無濾過生原酒」になると三つの要素を解読しなければいけない。搾ったままの酒を、火入れせず、活性炭濾過にもかけていない〝極めてつくりたてに近い酒〟というわけだ。

「中垂れ」あるいは「中取り」「中汲み」というのは、味と香りのバランスが最も良いとされる部分を指す。醪を酒袋に入れ積んでいくと、圧力を加える前に酒が流れる。これが「荒走り」で、「荒走り」の後から圧力をかけて出す酒を「中垂れ」と呼ぶ。上槽も佳境を過ぎて酒の流出が滞るようになったら、「責め」といって酒袋の位置を替えもう一度搾る。「しずく酒」は醪を槽ではなく酒袋に入れて吊るし、そこから滴る酒を受けたものだ。いずれも一ランク上の酒というイメージを持っている。

若者が日本酒を飲まない理由

『常山』を醸す栗山との対話の中で、彼がしみじみと語ったことも興味深かった。

「最近は晩酌という習慣がすっかり廃れてしまいましたよね。というか、僕は晩酌に留まらず、家族で揃って食事をするということ、団欒《だんらん》という言葉がなくなってしまったような気がしてならないんです」

栗山が最初に酒に憧れを持ったのは、彼の父が毎夕のように晩酌をしていて、いかにもうまそうに日本酒を呑んでいるのを目の当たりにしたからだという。これは頷ける。私に父はいないが、代わりに祖父や叔父が呑んでいるのを、やはり羨ましく思い、早く大人になりたかった。長じて家が水商売に転身をしたことでいっそう酒が身近になったが、原体験といえば祖父や叔父の晩酌している姿だ。栗山は肩をすくめた。

「家庭の味が崩壊して、おふくろの味がレトルト食品やインスタント食品に取って代わられてしまっています。外食するにしてもファミレスや回る寿司ですからね。どこを見ても、本物や手づくりのものがないんです。こういった環境の中では、昔ながらの日本酒は苦境に立たざるを得ないような気がします」

日本酒が若い層に見向きもされなくなった理由として、彼らの嗜好の変化、食の西欧化が一気に急進したことがあげられている。

このことに関しては興味深い話を拝聴した。〇三年十一月二十八日に、伏見のメーカーが集う伏見醸友会主宰で開催された「21世紀の日本酒」という講演会でのことだ。演壇に立ったのは伏《ふし》木亨《きとおる》京都大学教授だった。

人間の嗜好は動物としての基本的な栄養に対する欲求と、後天的な地域の文化や環境に大きく左右される。脂肪や砂糖（ブドウ糖）、塩分などの栄養に対しては万国共通どころか、ラットや犬も食指を動かす。後天的な側面は、何を食べてきたかということに繋がる。食べなれた味はおいしい。伏木教授は例をあげた。

「欧米人はカツオや昆布のダシの香りに反応しませんが、日本人は満腹であっても、蕎麦屋の前でこの匂いを嗅ぐとすぐに反応してしまいます」

日本人がダシの香りに反応するのは、脳内にベータエンドルフィンやドーパミンといった快楽物質が分泌されるからだというから、味をめぐるメカニズムはおもしろい。余談になるが、砂糖と脂には全世界共通で快楽物質が分泌されるそうだ。「その両者が合体した傑作がケーキです」と伏木は笑った。いわばケーキは文明的・世界的なおいしさ、ダシが文化的・日本的なうまさといえよう。この味や香りへの恭順は食べ慣れているということだけでなく、いかに早い時期に刷り込まれるかで決まるらしい。伏木は言う。

「戦後の学校給食がきっかけとなって、パンと牛乳が日本人にも一般化しました。当時の小学生は大きな味覚変革を受けたはずです。ところがそれは離乳食レベルの時期ではなかったので、ダシや醤油といった古来の食文化を否定するところまではいかなかったのです」

だが、戦後から高度経済成長期を迎え、やがて繁栄の時代を謳歌するようになって、日本人はさらに大きな変化に直面する。

「昭和三十年代、日本食は炭水化物に偏っているうえ塩分過剰で健康に良くないという風潮が生まれました」

私の小学生時代、母が「ご飯を食べ過ぎると頭が悪くなる」というようなことを口走っていた記憶がある。伝統的な日本食を排撃する風潮は、一九六〇年代半ばから七〇年代を経て八〇年代初頭まで続く。その間に、市販のベビーフードはもちろん、家庭で作る離乳食も日本食離れが顕著となった。醤油、味噌、ダシといった日本の食文化が敬遠されてしまった。

「豆腐の代わりにプリンを、醤油やダシの代わりにトマトケチャップ、ブラウンソース、ホワイトソース、クリーム煮、味噌汁ではなくコンソメスープなどが台頭してくるのです」

いま〝若者〟と呼ばれる世代はこうした離乳食で育った――と伏木は指摘した。いわば「蕎麦屋の前でダシの匂いに反応しない」人種なのだ。

ベビーフードの老舗メーカーの和光堂に取材したらおもしろいことが判明した。確かな年は特定できなかったものの、七〇年代から洋風の離乳食が台頭を始め、八〇年代に全盛を極める。和風メニューが再び脚光を浴びるのは九〇年代に入ってからだ。もっとも九〇年代は和風だけでなく、洋風や中華風とバラエティに富んだ商品がラインナップされている。和光堂広報部は、「一九八四年のフリーズドライ製法を用いた製品の登場や、一九九〇年のレトルトベビーフードの登場した時代にはグルメや高級志向といった傾向が見られます。最近では和食メニューに人気がありますが、これは健康志向だけでなく、若いお母さんたちが料理を知らない、作れないといった世代であるのかもしれません」と言い添えてくれた。そうなると、現在の三十代半ばから二十代、高校生あたりにかけては、乳幼児期に「日本食の刷り込み」が充分になされていないという推察ができる。

伏木が次の言葉を口にしたときは、酒づくりに関わる人で埋まった会場が静まり、やがて重く沈んだ。

「だから、彼らにとって日本酒は決しておいしい酒ではないのです。パンやミルク、デミグラスソースにケチャップ、マヨネーズが大好きな彼らにはビールやワイン、それに蒸留酒の焼酎などが口に合うんです」

和の文化が酒を支えているのは論を俟《ま》たない。しかし日本酒をもっと理解してほしい層、呑んでほしい年代の味覚が日本酒に合わないとは……。だが伏木は「心配しなくてもいい」と声を大にした。

「離乳食の流れは、近年の日本食再評価とともに、また旧来のものに変わってきています。おそらく今の小学生たちはダシ文化を許容する舌を持っているはずです」

離乳食はさておき、日本食が復権の兆しを見せるのは八〇年代に入ってからだ。これは七七年にアメリカ上院の栄養問題特別委員会で「マクガバン・レポート」が発表されたことが大きく影響している。この五〇〇〇ページにも及ぶ膨大な報告書は、日本食こそが理想の食事だと指摘した。後にはヨーロッパでも同様の報告書や調査結果が公表されている。日本がそろそろバブル経済に沸こうかというとき、アメリカでヤッピーを中心に〝日本食＝ヘルシー〟という流行も日本人を刺激した。つまるところ、日本食は身体によいという海外での評判が、徐々に健康志向を強めていた日本にも逆輸入され再評価に繋がっていったわけだ。

はからずして、私の隣の男性は指を折りながら「あと十年ちょっと辛抱したら、また日本酒を理解してくれる若者が出てきてくれるんやな」と呟いた。私の息子も、親父が汎日本酒主義なんぞを奉じているせいもあって、刺身や野菜の煮物といった和風料理はもちろん、たたみいわし、からすみ、なまこの酢の物……なんていう酒の肴が大好きだ。おそらく将来は、まっとうな酒呑みになってくれるだろう。期せずして私と隣席の男は顔を見合わせ、にんまりとした。

伏木はもう一つの話題を提示してくれた。

「それにおいしさを決めるのは舌だけでなく、脳の働きも大きいんです。現代では情報がおいしさの大きなファクターです。ここを刺激するのも日本酒を復活させる方策です」

情報がおいしい——テレビや雑誌で騒がれたラーメン屋に行列ができるのは周知のことだ。食物の由来や由緒を知るほど興味が湧いてくるのも同じことになる。現代人の舌が荒廃し味覚への信頼性が薄らいでいるという環境も、情報を重視する要因ではなかろうか。

とにかく、舌から延髄を通って脳の味覚連合野へと伝わるおいしさのルートとは別に、脳内の扁桃体を刺激して物事の好悪からおいしさを決める生体システムが存在するのだという。評判の良いもの、値段の高いものといったプレミア情報が脳にインプットされると、それは間違いなく味わいを左右する。日本酒はおいしい、日本酒は素晴らしいといった情報を豊富に流せば、日本酒を呑んだときに効いて、「うまい」という反応を得られる……わけか。もっとも、その情報が確信するに値するものでなければいけないのは当然のことだ。伏木も言い添えた。

「日本酒そのものがまずければ、いくら情報を脳にインプットしてもだめです」

老齢化する杜氏と若者の年齢差を考えたら、理想とする味にギャップが生じないほうがおかしい――こんな日本酒批判がある。だから日本酒は、若者の嗜好や味覚に合致していないのだというのだ。これは、日本酒が旧弊な価値観と製法にしがみつくばかりで前進を知らないという非難にも繋がっていく。日本酒をつくる面々が頑なな姿勢を貫くのは、滅びゆく者の美学を気取っているからなのかと揶揄する人もいる。

しかし私は反論したい。文化の継承と発展は、常に旧弊と新進が衝突しながら行われる。互いの理解や歩み寄りは肝要だが、本筋や本質を変容させる必要は一切ない。頑固ジジイと罵倒されようとも、信じるところ、譲るべきでないところは守り抜くべきだ。迎合やおもねりに傾くのではなく、さらに切磋琢磨して地力を増すことの方が肝要だと信じる。それは、「分かってくれる人は、分かってくれる」式の開き直りとも少し違う。こうなってしまえば、それこそ滅びの美学に陥るだけだ。日本酒に関わる真摯な人々は、何とか酒を口にしてもらうチャンスを、と待ち構えている。それは、「一度でも呑んでもらえれば、必ずうまさを実感してもらえる」という自信と矜持があるからだ。

ただ、伏木の言うところの「情報」――日本酒の良さやうまさが若者たちに浸透していないどころか、ほとんど到達していないのが現状という大問題がある。業界のアイディア不足を嗤う声は、あちこちから伝わってくる。しかしそれは広告代理店やPR会社の力に頼るべきことではあるまい。彼らがこれまで何をしてきたというのだ。おざなりで、その場しのぎ、アイディアのアの字も感じられない広告やプロモーションしか打っていないではないか。私が蔵のオーナーなら、いま使っている広告、宣伝、ＰＲスタッフは全員クビだ。それがイヤなら真剣かつ斬新な企画を持ってきてほしい。

日本酒を飲めば健康になる？

焼酎のように、健康とのリンケージを打ち出すべきだという意見も根強い。マーケティング論者たちが、焼酎急成長の要因を提示するとき必ず「健康」を持ち出してくる。ワインに抑ガン作用があるとか、動脈硬化になりにくいという〝フレンチパラドックス〟が話題になったこともあった。確かに健康は市場を刺激する大きなキーワードだ。しかし私はそれが日本酒復活の牽引車になるとは思えない。ワインだって、結局は日本での消費量が頭打ちのままなのだ。それどころか、本家のフランスでもそっぽを向かれている。二〇〇二年にはフランス国民一人当たり五八リットルのワインが飲まれたが、これは一九五〇年の三分の一という激減ぶりなのだ。特に若者のワイン離れが顕著で、八〇年の調査では、ワインを飲まない一四歳から二四歳の若者は三〇パーセントだったが、いまは六五パーセントにまでなってしまっている。そのうえ、海外戦略でもオーストラリアや南アフリカといった新興ワイン国に押されっぱなしだという。なんだか同病相憐れむという風情だ。

もっともワインと日本酒を比較すると、その対応に雲泥の差がある。フランスでは官民一体となっているところが日本と対照的だ。フランス政府は〇五年以降、輸出ワインの宣伝支援費を五割増しにすることを決めた。金額は邦貨にして約二七億円だ。制限の強かった国内での広告も解除の方向で検討されており、他にも、ブドウ品種を明記した新興国産に比べ、フランスワインのラベルが分かりにくいという批判を受けて、〇六年産からボルドーやブルゴーニュ産の一部のワインのラベルに原料ブドウの種類を示すことを認める。何より、国民議会でワイン問題調査委員会が召集され、「ワインは酒ではなく農産品とみなす」と提案しているところが半端ではない。

脱線してしまったので、話を健康軸へ戻そう。日本酒造組合中央会のホームページにはこんな情報が記載されていた。

「適量のお酒を飲むと、この善玉コレステロールが増えるという効果が現れます。心筋梗塞の主な発生原因は、高血圧と高コレステロール血症で、お酒は悪影響しないというのが現在の常識です。むしろ、ふだんからお酒を飲んでいる人のほうが心筋梗塞にかかりにくい、というデータが多数あります。血圧との関係なら、お酒よりはむしろ塩分の取りすぎと肥満に気をつけましょう」

「東北地方を中心とする東日本、つまり日本酒をよく飲む地方の人たちの（肝硬変や肝ガンの）死亡率が非常に低いことがわかりました。つぎに、ヒトのガン細胞に日本酒の濃縮液を添加する実験を行ったところ、ガン細胞の増殖が著しく抑制されました。こうした結果は、ウイスキーやブランデーでは認められないもので、そこから日本酒に含まれる何らかの成分がガン細胞増殖抑制作用を持つのではないかと考えたのです」

あるいはライバルのネガティブキャンペーンを張るのに打ってつけの情報もある――アメリカ消化器病学会で、ストーニーブルック大学の研究チームが発表したところによると、ウオッカやウイスキーといった蒸留酒の週間摂取量が九杯を上回った場合、大腸ガンリスクがまったく飲まない人より約三倍高くなることが分かった。ビールを多量に飲む人は約二倍のリスクがある。

情報をうまく伝達できない日本酒業界の体質のせいか、それとも、いくらインフォメーションしてもマスコミが食いついてくれないのかは知らないが、「日本酒にはガン細胞抑制効果がある」なんて、ほとんど誰も知らないのではないか。また、これが広く知れ渡ったとしても、日本酒の需要が急増するとは信じられない。

もともと酒は「百薬の長」と言われる一方で「命を削る鉋《かんな》」と指弾されている。抜粋が多くなるだけでなく、ガン抑制の話題が重複してしまうがこの記事も読んでいただきたい。

「がんセンター研究所支所の津金昌一郎臨床疫学研究部長らの研究グループは、岩手、秋田、長野、沖縄各県の四十歳代、五十歳代の男性のうち、がんなどの病気にかかっていない健康な一万九千二百三十一人を対象に、一九九〇年から九六年までの七年間、追跡調査した。その結果、七年間に死亡した人は五百四十八人で、うちがんで死亡した人は二百十四人で約四割。がんで死亡する確率は、非飲酒者を一とすると、一週に一回程度飲む人は〇・七九、二日に一合飲む人は〇・五三、毎日一合飲む人は〇・九と非飲酒者よりも低かったのに比べ、毎日二合飲む人は一・

四八、毎日四合飲む人は一・五四と急激にリスクが増加することが分かった。
一方、がんも含めた死亡リスク全体では、非飲酒者を一とした場合、二週に一回程度飲む人は〇・八四、二日に一合飲む人は〇・六四、毎日一合飲む人は〇・八七、毎日二合飲む人は一・〇四、毎日四合飲む人は一・三二。過度の飲酒は特にがんによる死亡のリスクを高めている傾向が見られた。津金部長は『ほどよい飲酒は、がんになる確率を必ずしも高めるものではない。過度の飲酒者は、禁酒ではなく節酒で、がんによる死亡リスクを軽減できるだろう』と話している」

（読売新聞、〇三年九月十日付）

日本酒一合は、他の酒に換算するとビール大瓶一本、ウイスキーのダブル一杯、焼酎約三分の二合にあたる。いくら酒が健康に良くても、私のように何合も呑み干していてはまったく逆効果なのだ。呑んでいる本人はそれを承知のうえで、なお酩酊を求めて杯を重ねているのだから、われながら度し難い。果ては、酒は酔うためにあるんだから放っておいてくれと居直ってしまう。酔って他人にご迷惑をかけないように心掛けてはいるが、まずは自愛するのにこしたことはなかろう。

日本酒が「健康」を前面に押し出すのなら、それよりも、むしろ適量の是非を論じた方が有効ではないか。未成年者の飲酒への配慮も「国酒」を自任するなら、先陣を切って行うべきだ。日本は世界でも有数の〝酔っ払い天国〟といわれているが、確実にその意識は変化してきている。この傾向は若い人ほど顕著だ。「ほどよい量で、おいしく」を戦略機軸にした展開は、日本酒への共鳴共感のヒントになるやもしれぬ。

ここから派生して、日本酒が基本的にボトルキープしたり、割って呑むタイプの酒ではないことも考慮したい。日本酒を呑みたくても、アルコールに弱い人は四合瓶や一升瓶に恐れを抱くだろう。日本酒を呑みたいけれど、飲みきってしまうのは無理ということで、キープできるうえにアルコール度数を調整できる焼酎を選ぶ人が多いのではないか。

日本酒のアルコール度数の問題は、本文中でも触れたが、なかなか解決の難しい懸案でもある。これに対するメーカーの努力を期待しつつも、現実的な方便として、小さな容量でしかもスタイリッシュな容器の開発を急ぐべきだ。第三章で入野酒販店の榛葉が問屋と一緒に企画して売り出した『逆切』を紹介したが、この酒は容量三〇〇ミリリットルのうえ、マールやグラッパを思わせる瓶でセンスがいい。『逆切』は二百本の限定生産だったがすぐに完売した。しかも加水をせずに十九・二度という極めて高い度数なのだ。その事実は、うまい酒を少量、それもじっくりと味わって呑むという提案が、日本酒を愉しむ一つのスタイルになり得ることを示唆している。

フランスに乗り込んだ日本酒

日本酒が海外で大きな評価を得つつあることも意外に知られていない。

〇三年十一月八日の共同通信は、アメリカ向け輸出が八年間で三倍に拡大していることを配信している。主流は純米吟醸酒や大吟醸などの高級酒で、東部と西海岸を中心に白ワイン感覚で呑まれているそうだ。この背景には日本貿易振興機構や日本酒輸出協会などの努力がある。アメリカでの日本食が新奇なものから、もう少し腰の据わった存在になっている現状も無視できない。しかし日本酒に食指を動かしているのが、いわゆる大都会に住むエスタブリッシュメントというのは、どういう形で日本酒が受け止められているかを雄弁に物語っていよう。ゼン、ノウ、カブキからアニメに至るまでしぶとく命脈を繋いでいるニッポンブームの余波という見方もある。実のところ、アメリカ人のような雑駁な味覚の持ち主が本当に日本酒のうまさを理解しているのか、私は大いに疑問を感じてしまう。が、日本酒が海外で評価されるのは本心からうれしい。

いずれにせよ、アメリカでの日本酒が一部のスノッブたちの愛好品から、ずっと裾野にまで広がることができるか否かという点には興味が湧く。同様に、白ワインの代用品のように扱われているのなら、こんなに情けなく腹立たしいことはない。早く対等の立場で闘わせてほしい。日本酒の品質的なポテンシャルや酒づくりにまつわる物語性など、どれをとってもワインと競合しても充分に張り合える。それだけに、さらなる高い評価を受ける可能性は大いにあるはずだ。もっとも私としては、アメリカのような食生活の貧しい国ではなく、国の歴史の重みはもちろん、豊かな食文化を持つヨーロッパの各国や同じ米食文化を共有するアジア諸国への進展も考えてほしい。

国内消費に活路が見出せないのだから市場を世界に求めるのは当然だ。大メーカーの中には海外にプラントを作り、輸出に積極的なところもある。ただ、そういう酒が勇躍、大販路を切り開いたという武勇伝は一向に伝わってこないのは、当地でさしたる評価が得られていない証拠だろう。いかにも大メーカーらしい怠慢さではないか。また海外戦略を論じるとき、国内で必ず「日本での足場も危ういのに輸出なんかに精力を傾けられない」という悲痛な叫びが上がる。輸出のノウハウや販路の問題も山積みだ。このあたりの深刻な事情が、日本酒輸出の最大のネックとなっている。

かくなるうえは、国が本気で輸出に取り組む姿勢を見せてほしい。本当は御上のご威光に縋るなんてロクでもないことなのだが、ここは「立っているものは親でも使え」の精神で臨もうではないか。何しろジャパンメイドが数多ある中で、杜氏の技術というソフトウエアから、米や麴、酵母、水といった原材料に至るまですべて国内産で賄えるのは日本酒くらいのものだ。しかし残念なことに、クルマや家電品などに比べるとその知名度はゼロに等しい。こういう貴重な輸出資源をないがしろにしておいては国益に反する。御上にしてみれば、消費税の値上げを目論んで大ブーイングを受ける前に日本酒輸出で酒税の増収だって見込めるというものだ。

ワインをめぐるフランスの官民一体の行動はすでに述べた。かの国の大統領や閣僚は、最高にして最強の国際的ワインセールスマンだという話をよく聞く。かつてはイギリスのサッチャー首相だって、スコッチの販売アップのためにウイスキーの関税引き下げを日本に迫ってきた。同様に、いやそれ以上の熱意を持って、日本政府の要人たちには国酒を世界に売り込んでいただきたい。これは国内産業、しかも中小、零細企業が圧倒的多数なうえ、瀕死に直面している日本酒業界を救済する一矢になるかもしれないのだから。

はせがわ酒店のところでも少しふれた『醸し人九平次』の久野《くの》九平次は、〇二年から単身フランスに乗り込み、とうとう高級レストランに門戸を開かせた。

久野は本名を晋嗣《しんじ》というが、代々の当主が九平次の名を継いでいる。彼が十五代目で、酒を醸すようになったのは九代目からのことだ。蔵は名古屋市緑区の大高町にある。当代九平次は六五年生まれで、長身のうえなかなかのハンサムだ。二十代の頃には東京で劇団に所属したり、友人のデザイナーのパリコレにモデルとして参加したこともあるという。

彼もまた、桶売りばかりの酒づくりに反発を覚え、家業に魅力を感じていなかった。だが、やはり日本酒を見放すことはできない。自分の蔵の力はこんなもんじゃないという自負心が湧き起こり、九一年に実家へ戻り、桶売りを止めて納得いく酒づくりに邁進するようになる。二千五百石あった生産高は七百五十石に減ったが後悔は一切ない。量を求めなくても価値を上げればいいと信じているからだ。蔵に入って営業から酒づくりまで携わる一方で、九四年に九平次の名を継ぎ、『醸し人九平次』の銘柄を世に問うた。この酒はやや高めの酸と、しっかりとしたうまみが特徴だ。特に純米大吟醸には凜とした風情がある。

「僕はまだ日本酒を〝文化〟だとは思っていません」

彼はこんなことを平気で口にする。だがその発言の裏には、「いずれ必ず文化と呼ばれるのにふさわしい酒を醸してみせる」、「異文化の人々に認められてこそ文化といえる」という二重の意味が隠されている。

「浮世絵だってヨーロッパでの評価が高かったからこそ、日本でも価値が再認識されました。これは悔しい話だけど、日本人がものを受け入れる際の現実でもあるんです」

だからこそ、名古屋の小さな、しかしうまい酒をつくる蔵元はパリへ乗り込んで行ったのだ。そこに私は、九平次が日本人に対して抱く憤懣や日本酒をめぐる現状への苛立ちを見るし共感を覚える。

「最初はホテルリッツで開催されたニッポンフェアみたいなイベントに参加したんです。ここでボルドーのワイン商から、お前のところは大きな蔵じゃないね、手づくりの味がする。自分がワインを選ぶときは、こういう手づくりの味がするものを選ぶと言われて大きな自信がつきました」

彼の海外営業用の名刺に〝蔵〟の仏語訳として、貴族的なニュアンスのある〝シャトー〟ではなく、自家畑の葡萄を摘み取って醸す、農家のイメージの強い〝ドメーヌ〟とあるのはこの言葉に触発されたからだ。しかし彼はそのとき、居合わせたフランスの大学教授から「日本人は不思議だ。自分の国に素晴らしいものがいっぱいあるのに見向きもしない。外国のものについてのほうが詳しい」と皮肉たっぷりにやり込められて臍《ほぞ》を噛む思いをしている。なるほど一事が万事、この大学教授の言うとおりで、日本人は誰も、そんな指摘に対して言い返す術を持たない。九平次にも考えるところは大きかった。例えば彼は、日本料理店や寿司屋にワインが置いてあるという事実をこう受け取っている。

「お寿司屋さんにワインがあるのなら、フレンチにだって日本酒を合わせるのは、ありなんじゃないでしょうか」

意趣返しというわけでもなかろうが、これを機に九平次はリュックに自作の酒を詰め込んでは大西洋を渡ることを繰り返すようになった。パリでは自分で予約を入れセールスに回る。現在までに、天才とも鬼才ともいわれるピエール・ガニエールの店、ミシュランで三ツ星を獲得した『ギィ・サボア』、大御所アラン・デュカスが指揮を執る『スプーン』などで採用された。

「何とか日本酒も人種や国境、料理のジャンルを超えることができる自信がついてきました。ゆくゆくは世界というマーケットで、地位を確立していきたいですね」

もっとも九平次の視線はフランスにばかり向いているわけではない。彼の想いはすべて日本に注がれていると言ってもいいくらいだ。

「日本の若者には、日本酒だって捨てたもんじゃないでしょうとメッセージしたいです。ただ僕はいま自分がしていることが、僕の代で結実しなくてもいいと思っています。次の世代であっても構わないから、日本国内はもちろん世界で飲んでもらって、日本酒の価値、ブランドとしての意義を分かっていただきたいんです」

日本酒復活への道

私が酒を買うときは、たいてい近くにある酒屋さんへ自転車に乗って行く。本文中にも書いた吉原酒店だ。

酒談義に花を咲かせるだけ咲かせて長居するので、営業妨害も甚だしく迷惑な客に違いないが、若い店主は温かく迎えてくれる。ようやく一本を選んだとき、「それはマスダさんの好みじゃないから、こっちにしたらどうですか」などとアドバイスを受けると、うれしいような恥ずかしいような気分になる。アマノジャクぶりを発揮して〝非推薦〟の酒を買って帰り、いわんこっちゃないという悔恨を味わうことも度々だ。

彼と会話を交わすと、いつも、「再現性」の話題が出る。昨年呑んでうまかった酒を探すが冷蔵庫にない。店主からは「去年はよかったんですけどねえ」、「今年はどうも納得できなくて」という言葉が苦渋を伴って出てくる。逆に「今年は抜群ですね。まとめて買っておいたほうがいいですよ」「この蔵は本当にぶれないんです」などと喜色満面で語る場合もある。

「相対的に見ると間違いなく全国の蔵のレベルは上がっているんですが、どうも年度によってバラつきがあるのも事実です。それだけ日本酒づくりというのが難しいのと、本当に腕のある杜氏さんの絶対数が少ないということなんでしょうね」

杜氏の数は減少気味とはいえ、心ある蔵では後継者の育成に余念がない。その一方では、地域によって休業したり倒産する蔵が多く、杜氏が余っているところもあると聞いた。いずれにせよ、優れた工芸品としての酒は秀でた職人の腕に頼るしかない。杜氏のレベルアップに関しては、彼らの自覚に期待する一方、酒呑みが口うるさくも愛情ある批評をして彼らに刺激を与えるべきだ。

私はうまい酒と出会ったら、わりとマメに蔵へ電話している。どこで、どの銘柄のどんなグレードの酒を買った、あるいは呑んだということを述べ、最後に「おいしかった」のひと言を伝えるわけだ。身も知らぬ男からの電話であっても、たいていの蔵は喜んでくれる。逆に期待を裏切られたときは、連絡どころか二度とその酒を呑まないという形で縁を切ってしまうことが多い。その一方で衷心から真実を申し上げるケースもあって、やはり蔵元は真剣に耳を傾けてくれた。京都のある蔵のときは、京都駅のキヨスクで買ったのだが、どうも香りが変だった。問い合わせると、送り返してくれと言う。数日後、新品が届いた。味も香りもキヨスクで買ったものとは段違いだ。ちゃんと先方から電話もあった。どうやら売店の管理が悪かったようだ。

多くの実直な蔵元や杜氏は、例外なく市場の声を気にしている。仲間うちでの評判、日本酒好きが集まった唎き酒会の結果などを知らせてやると、大きな励みになるはずだ。耳に痛い鋭い批判も格好のアドバイスとなる。良い蔵、良い酒を育てるのも酒呑みの重大な責任だ。

しかし酒は杜氏の腕はもちろん、水の良し悪しでも大きく味が変わってしまう。吉原も「蔵を見るときは必ず水を見ます。水のまずいところでは絶対にいい酒はつくれません」と断言する。私が取材したある蔵も、蔵の地所の水ではなく、遥かに遠いところまで水を汲みに行っていた。水にまつわる話はまだある。静岡で『小夜衣《さよごろも》』を醸す森本均《ひとし》は、名古屋の鑑評会の審査員も務めた、うるさ型の杜氏だ。彼は『富士錦《ふじにしき》』が急にええ酒になった」と、珍しく『開運』以外の静岡の酒を褒めるのでその理由を聞くと、「どうも水を替えたようだ」と腕を組んだ。森本の意見によると富士山水系の水は火山灰を通るので、酒づくりに不利なのだという。『富士錦』はこれまで富士山の水を使っていた。それが一変したのは「絶対に水を変えよった。そうとしか考えられん」。森本は唸ることしきりだった。

人の手、自然の恵みにかかるものだからこそ、年次によって品質の上下があるのも当然なのだろうが、やはり呑み手としてはいつでもうまい酒を傍において置きたい。商品の安定性という意味では機械化を取り入れた大メーカーの酒のほうが一歩リードしている。ワンカップは日本全国、いつどこで呑んでも同じ品質だ。

「だけど酒屋としては、大メーカーにはじっとしておいてほしいんです。あの人たちがやることって、たいていが自爆で終わってしまってますからね。大メーカーが動くたびに日本酒のイメージが下がってしまう」

吉原酒店には大メーカーの酒は一品目しか置いていない。しかも彼はそれを呑むためでなく料理酒として客に奨めている。筋金入りのアンチ大メーカー派というべきだろう。

「同じ値段で同じグレードなら、お客さんは何らかの形で付加価値のある酒をお買い求めになります。それは蔵の歴史であり、杜氏のことであり、また酒づくりへの強い想いでもあるんです。味の嗜好は十人十色だし、好き嫌いは仕方ありませんが、やはり大メーカーの酒はその点で売りづらい。酒のイメージ、酒への想いが伝わってこないんです」

大メーカーの酒に、つくり手の〝顔〟や〝息づかい〟が反映されていないことは否定できない。大量生産の工業製品である以上は仕方のない部分もあろう。だがそれ以上に灘や伏見の大メーカーには、自分たちへ向けられた根強い不信やアレルギーについて謙虚に反省してほしい。これは企業トップの姿勢にも通じる。大メーカーから時代をリードする風雲児や改革者が、いっかな出現しないのはどう理解すればいいのだろう。むしろさまざまな試みは、地方の小さな蔵元が行っているではないか。

「大メーカーが動くたびに日本酒のイメージが下がってしまう」という酒屋の悲鳴を、たかが小商いの戯言《ざれごと》と受け取るならそれもいい。しかし業界の危機は必ず大メーカーにも押し寄せる。いやもう足元が危ういはずだ。事態は背水の陣といってもいい状況になっている。創業者から数えて何代目かの御曹司が、のほほんと酒をつくっている時代ではない。自社云々のレベルではなく、日本酒の在り方、将来の道について明確なビジョンを示すことができないトップは、日本酒復活の妨げ以外の何ものでもない。即刻退陣すべきだ。

大企業以上に、地方の蔵もいっそう精進しなければいけない。吉原は「おそらく七千石から八千石はつくっていなければ〝企業〟として成り立たないでしょう」と話す。実際問題としてこの規模の地酒蔵はそうそう多くはない。いわば選ばれた地酒メーカーなのだ。ところが、この規模になると売ることにばかり色気が向いて、プチ大メーカーの様相を呈することになる。そうなると概してろくでもない酒を醸してしまう。この悪循環も是非断ち切らねばならない。

酒蔵が量を求め始めたら、行き着く先は大メーカー化しかない。それは工芸品としての酒づくりを棄て、工業製品化を目指すことを意味する。日本に数社しかない大メーカーの規模になるには、巨大な施設とスタッフ、膨大な資金などが必要だ。はっきり言うが、小には小のまっとうな生き方、大には大なりの進む道がある。しかも小は、柔よく剛を制する術を持っているのだ。わざわざ砂上の楼閣を築く必要はあるまい。無理は必ず取り返しのつかない失態を呼び込む。

大メーカーの安いパック酒が売れる一方で、その何倍もする値段の地酒を選ぶ人々がいるのは、嗜好や財布の軽重の問題だけでなく、やはり酒のうまさと蔵の志に対価を支払うからだ。なのに、そのことに気づかず、あるいは知らぬふりをしたり、ブランドの名声に寄りかかる蔵がいくつも存在する。これは結果として地酒の良心を汚すものだし、ファンや地道に良き酒を醸す蔵に対して失礼極まりない。たくさんつくりたければ、それもいい。だけど良い酒をつくってくれ——これが呑み手のシンプル極まりない要求なのだ。

吉原酒店でも最近は芋焼酎や泡盛が幅をきかせている。酒に限らず商いで糊口を凌ぐ以上は、世の中の流れに逆行することは難しい。それに、この店に集められた焼酎はなかなかの逸品が多い。市場が狂騒しているせいで、芋焼酎を手に入れるのは本当に難しいのだが、よく健闘していることだと感心する。吉原は言った。

「問題は焼酎ブームが終わったときのことです。それまでに日本酒がやっておかなければいけないことは、僕ら酒屋を含めてたくさんあるはずです」

私も同じ意見だ。日本酒が日本固有の食文化だということはもちろんだが、国酒と呼ばれる酒が他ならぬこの国の人から見くびられていることに対する怒りは強い。失われつつあるものへの切迫した危機感と痛惜、憐憫などが働いているのも事実だ。だがそれと同時に、日本酒が復活していく過程で私たちも、この国に生まれ、この国で生きるという矜持を取り戻すことができる――そんな気がしてならない。

汎日本酒主義などと、ふざけたようなことを言ってはいるが、私は本当に日本酒が好きで仕方がない。この酒の売上げが落ち、若者からそっぽを向かれていると聞いたら、居ても立ってもいられなくなった。同じような想いを持っている人々は、まだまだ世の中にたくさん存在するはずだ。しかし日本酒にかかわる人々には、そういった呑んべえたちのいる間が華だと肝に銘じてほしい。

二〇一〇年には大メーカーを合わせた酒蔵が、五百にまで減少するという予測の信憑性はとても高いものになりつつある。だが、そんな事態を誰も望んではいまい。少なくとも私は、良い日本酒を醸してほしいし、うまい酒を呑み続けたい。できればわが子、わが孫にも日本酒を伝えたいと切に願う。

あとがき

当初、私は本書のタイトルを『日本酒が消える』にするつもりだった。

それほど、日本酒を取り巻く環境は厳しく、のっぴきならない現実に直面している。本文でも述べたが、ここ二十年来ずっと消費量が減り続け、全盛期の半分にまでなってしまった。二〇一〇年には、現在稼動している千五百ほどの酒蔵が五百にまで減り、次の十年間でさらなる試練を受ける――最悪の場合、日本の食文化がひとつ失われてしまう……。

日本酒をめぐる最大の不幸は、こういった深刻な事態がうまく世間に伝わっていないことだ。日本酒の表層は依然として安穏のように見える。新聞やテレビ、日本酒を扱った書籍にも危機的状況を憂う声は存在するのだが、結果として名酒ガイドや杜氏物語の陰に埋もれてしまっている。『越乃寒梅』『八海山』『久保田』といった地方蔵の銘柄はたいていの人が知っているだろう（どういうわけか全て新潟の酒だが）。そこに白鶴、月桂冠、大関、松竹梅と灘や伏見の大メーカーを加えれば、左党ならずとも、さほど苦労することなく十指を折っていくことができるはずだ。現に飲食店を覗けば、いくら焼酎に押されているとはいえ、メニューから地酒の銘柄を外す店はない。私も夜毎、日本酒を杯に満たしては悦に入っていた。ところが上皮を一枚剝がしてみると、そこには深刻な難問がひしめき合っている。日本酒衰退の原因はいろいろと取り沙汰されているが、本文中で諸因のほとんどを明記したつもりだ。それらが複雑に絡み合い錯綜しているから始末が悪い。いみじくも『大信州』の田中隆一は、「日本酒が好き、嫌いという次元ではなく、日本酒に興味がないという若い人がいる」と指摘した。この事実は日本酒が置かれている惨状を語って余りある。

だが、いやだからこそ――本書で紹介した、日本酒を愛し、その復活を真剣に考え行動している人々と出会えたことがうれしい。彼らは一様に真摯で実直、そのうえ飾ることがなかった。高邁な理論を振りかざしたり、マスコミを意識した言動を弄する代わりに、ただひたすら「良い酒、うまい酒」を醸す、あるいは提供しようとする姿勢には頭が下がる。

本文では紹介できなかったが、秋田で『まんさくの花』をつくっている日の丸醸造もそんな酒蔵だ。佐藤譲治社長は父の遺志を継ぐため四十半ばにして、信託銀行を辞めて酒づくりの現場に身を投じた。今は廃物となっている巨大なタンクの前で彼は、「このタンクが活躍した七五年には九千石あったのに今では千四百石です。僕はずっと逆風の中で酒と格闘してきたような気がします」と話した。しかし佐藤に屈託や疲弊の色はない。彼は〇四年の春に『百年前』という酒を、日本最古といわれる酵母と麹で醸した。まだ雪が残る蔵の前で佐藤と別れた際、彼が呟くように語ったことが今も忘れられない。

「私が七十歳まで酒づくりにかかわれるとして、あと十五年……たった十五回しか酒を醸せないんです。少しでもうまい酒をつくるために、やりたいこと、試したいことはいっぱいあるというのに。酒の道のゴールは本当に遠い。満足できる酒ができたと思っていても、次の造りの季節が来るとそんな慢心はどっかに飛んでいってしまいます」

物事を大所高所から論じるのは本書の狙いではないし、私の任でもない。だが日本酒衰退の軌跡を追い、復活への手掛かりを模索していくと、そこには日本酒だけでなく、この国や組織の在り方のヒントがほのかに見えてくる。日本酒の堕落は大メーカーだけでなく、中小、零細の地方蔵もこぞって生産高アップを目指したことから始まった。それは経済成長期には時代背景と合致したものだったが、いたずらに量を求めたばかりに質を置き去りにする結果となってしまった。

インターネット証券会社の最大手、松井証券を率いる松井道夫と会ったとき、彼はこう言った。

「大組織に価値があるなんて完全に過去の話なんです。二十一世紀の企業はそういう形の繁栄を求めていません。規模は小さくてもきめ細やかなサービスを展開して、社員一人当たりの経常利益をどんどん伸ばしていけばいい。企業が顧客を囲い込み、自社に有利な情報だけ流して商品を売りつけ利益を得られた時代は終わりました。これからは顧客がマーケットの中心です。顧客は組織の志の有無を厳しく選択してきます。企業が、この指にとまれと言ったとき、どれだけの顧客が集まってくれるかが重要なんです」

松井証券は百六十人ほどの小さな規模で、ガリバーと称される野村證券を上回る数字を弾き出している。彼は「組織にとっての不利なことが、そのまま顧客の有利につながる。不利を突き詰め、顧客サービスに昇華できない会社は取り残されていく」とも明言した。それは日本酒業界にもあてはまる。酒づくりの本質とは何か、消費者が求めているのは何か――このことを解き明かしていけば、自ずと答えは決まってくるはずだ。蔵元から酒屋、飲食店に至るまでが、各々の立場でひたすら「うまくて、良い酒」を目指し、提供できるようになればいい。

日本酒に派手なパフォーマンスは向かないし、媚びやおもねりも似合わない。ジャンヌ・ダルクのような突出した救世主も不要だ。確かに、脇目もふらずに王道を進むのは並大抵のことではなかろう。だが、たとえ愚鈍といわれても、本物を醸そうとする精神の高潔さは必ず結実し、その想いと行動は消費者に伝わるはずだ。「酒屋万流」と称されたように、かつては各蔵が個性たっぷりな酒を醸していた。しかし三増酒や吟醸酒、端麗辛口などときどきの時流や流行に乗って、いつしか均一化された酒をつくるようになってしまった。市場の欲求が細分化し多様化する今こそ、全国の蔵が真に特色のある酒をつくって、私たちに「この指にとまれ」と言ってほしい。酒呑みは、「日本酒が消える」なんて世迷言だと笑い飛ばすことができる日を待っているのだから。

私はたまに郷里の大阪で、還暦を迎えた叔父と飲む。そんなとき叔父は必ず、「高っかい地酒ばっかり呑みやがって」と難癖をつけてくる。やはり叔父には酒呑みとしての一家言があり、「おっちゃんはな、この年になってつくづく思うんや。やっぱし酒は灘の一級酒がええわ。あれをちょっと熱めに燗して呑むのがうまい。そら、世の中にうまい酒がぎょうさんあんのは知ってるけど、こればっかりは譲れん」と意気軒昂だ。彼のいう「灘の一級酒」とは、いわゆる大メーカーの、比較的安価な酒なのだが、私はとても叔父を非難したり見下す気にはなれない。叔父も地酒のラベルを訝しげに見やりながらも、酒が注がれるとうまそうに喉を鳴らしている。いささか手前味噌だが、酒呑み同士が猪口を持ち徳利を傾けると、互いに相通じるものを感じるのだ。

最後になってしまったが、本文に登場していただいた皆さんだけでなく、名前は出せなかったものの取材にご協力くださった方々には心から感謝を申し上げたい。中でも、日本酒情報研究所の橋本隆志さんには多くの情報や示唆を頂戴しただけでなく、相談にも乗っていただいた。橋本さんなくして本書は上梓できなかったはずだ。この場を借りて謝辞を送らせていただく。また『純米酒を極める』(上原浩、光文社新書)と『決定版日本酒がわかる本』(蝶谷初男、ちくま文庫)の二冊を参照させていただいたことも付記しておく。さらには、草思社の藤田博さんにも御礼を申し上げたい。私のようなボンクラ杜氏が何とか一冊を醸せたのは、ひとえに藤田さんという秀でた蔵元の存在があったからだ。もちろん、拙作を手にとってくださった読者各位にも「ありがとうございました」と申し添えさせていただき、ペンを擱きたい。

二〇〇四年八月末日

増田《ますだ》晶文《まさふみ》

うまい日本酒はどこにある？

著者との申し合わせにより検印廃止

2004年 9月30日　第1刷発行

著　者　増田晶文
装幀者　間村俊一
発行者　木谷東男
発行所　株式会社 草思社
〒151-0051　東京都渋谷区千駄ヶ谷 2-33-8
電 話　営業 03(3470)6565　編集 03(3470)6566
振 替　00170-9-23552
印　刷　株式会社三陽社
カバー　錦明印刷株式会社
製　本　加藤製本株式会社
ISBN4-7942-1347-6
Printed in Japan

草思社刊

人形町酒亭きく家繁昌記

志賀キヱ
志賀真二

とびきりうまい酒と工夫をこらした料理で知られる人形町の「きく家」。和風のくつろげる店、商談のまとまる店と評判のきく家の女将と親方が語る絶品の酒と肴のはなし。

定価 1575 円

いい酒の、いい飲《や》り方
最新舶来酒案内

森下賢一

世界には、こんなにたくさんいい酒がある。海外の酒事情にくわしい著者が、自らの豊富な経験をもとに長年のウンチクを披瀝する。全四十八章で世界中の酒をカバーする。

定価 1575 円

神田鶴八鮨ばなし

師岡幸夫

磨き抜かれてきた江戸前鮨の伝統の技を初めて公開する！ まがいものばやりの当世に流されず、おいしくて美しい鮨をつくる師岡親方のサビを利かした絶品、上等の鮨ばなし。

定価 1890 円

果てなき渇望
ボディビルに憑かれた人々

増田晶文

すべて犠牲にし、禁止薬物に手を出してまで、なぜ彼らは異形の巨軀にこだわるのか。ボディビルの世界に人間の意識の深淵を見る。文春ベスト・スポーツノンフィクション第1位。

定価 1890 円

＊定価は消費税5％を含んだ金額です。